水利水电工程施工实用手册

金属结构制造与安装

（上册）

《水利水电工程施工实用手册》编委会　编

中国环境出版社

图书在版编目(CIP)数据

金属结构制造与安装．上册 /《水利水电工程施工实用手册》编委会编．—北京：中国环境出版社，2017.12

（水利水电工程施工实用手册）

ISBN 978-7-5111-3426-4

Ⅰ．①金… Ⅱ．①水… Ⅲ．①水工结构—金属结构—制造②水工结构—金属结构—安装 Ⅳ．①TV34

中国版本图书馆CIP数据核字(2017)第292957号

出 版 人　武德凯
责任编辑　罗永席
责任校对　尹　芳
装帧设计　宋　瑞

出版发行　中国环境出版社
　　　　　（100062 北京市东城区广渠门内大街16号）
　　　　　网　　址：http://www.cesp.com.cn
　　　　　电子邮箱：bjgl@cesp.com.cn
　　　　　联系电话：010-67112765(编辑管理部)
　　　　　　　　　　010-67112739(建筑分社)
　　　　　发行热线：010-67125803，010-67113405(传真)
　　　　　印装质量热线：010-67113404
印　　刷　北京盛通印刷股份有限公司
经　　销　各地新华书店
版　　次　2017年12月第1版
印　　次　2017年12月第1次印刷
开　　本　787×1092　1/32
印　　张　7.125
字　　数　186千字
定　　价　22.00元

《水利水电工程施工实用手册》
编 委 会

《金属结构制造与安装（上册)》

主　　编：王学信　毛广锋
副 主 编：王众渊　杨联东
参编人员：李　宏　李涣清　郭永强　焦小五
　　　　　彭翔鹏
主　　审：章根兴　陈洪涛

前　言

水利水电工程施工虽然与一般的工民建、市政工程及其他土木工程施工有许多共同之处，但由于其施工条件较为复杂，工程规模较为庞大，施工技术要求高，因此又具有明显的复杂性、多样性、实践性、风险性和不连续性的特点。如何科学、规范地进行水利水电工程施工是一个不断实践和探索的过程。近20年来，我国水利水电建设事业有了突飞猛进的发展，一大批水利水电工程相继建成，取得了举世瞩目的成就，同时水利水电施工技术水平也得到极大的提高，很多方面已达到世界领先水平。对这些成熟的施工经验、技术成果进行总结，进而推广应用，是一项对企业、行业和全社会都有现实意义的任务。

为了满足水利水电工程施工一线工程技术人员和操作工人的业务需求，着眼提高其业务技术水平和操作技能，在中国水利工程协会指导下，湖北水总水利水电建设股份有限公司联合湖北水利水电职业技术学院、中国水电基础局有限公司、中国水电第三工程局有限公司制造安装分局、郑州水工机械有限公司、湖北正平水利水电工程质量检测公司、山东水总集团有限公司等十多家施工单位、大专院校和科研院所，共同组成《水利水电工程施工实用手册》丛书编委会，组织编写了《水利水电工程施工实用手册》丛书。本套丛书共计16册，参与编写的施工技术人员及专家达150余人，从2015年5月开始，历时两年多时间完成。

本套丛书以现场需要为目的，只讲做法和结论，突出"实用"二字，围绕"工程"做文章，让一线人员拿来就能学，学了就会用。为达到学以致用的目的，本丛书突出了两大特点：一是通俗易懂、注重实用，手册编写是有意把一些繁琐的原理分析去掉，直接将最实用的内容呈现在读者面前；二是专业独立、相互呼应，全套丛书共计16册，各册内容既相互关联，又相对独立，实际工作中可以根据工程和专业需要，选择一本或几本进行参考使用，为一线工程技术人员使用本手册提供最大的便利。

《水利水电工程施工实用手册》丛书涵盖以下内容：

1)工程识图与施工测量；2)建筑材料与检测；3)地基与基础处理工程施工；4)灌浆工程施工；5)混凝土防渗墙工程施工；6)土石方开挖工程施工；7)砌体工程施工；8)土石坝工程施工；9)混凝土面板堆石坝工程施工；10)堤防工程施工；11)疏浚与吹填工程施工；12)钢筋工程施工；13)模板工程施工；14)混凝土工程施工；15)金属结构制造与安装(上、下册)；16)机电设备安装。

在这套丛书编写和审稿过程中，我们遵循以下原则和要求对技术内容进行编写和审核：

1)各册的技术内容，要求符合现行国家或行业标准与技术规范。对于国内外先进施工技术，一般要经过国内工程实践证明实用可行，方可纳入。

2)以专业分类为纲，施工工序为目，各册、章、节格式基本保持一致，尽量做到简明化、数据化、表格化和图示化。对于技术内容，求对不求全，求准不求多，求实用不求系统，突出丛书的实用性。

3)为保持各册内容相对独立、完整，各册之间允许有部分内容重叠，但本册内应避免出现重复。

4)尽量反映近年来国内外水利水电施工领域的新技术、新工艺、新材料、新设备和科技创新成果，以便工程技术人员参考应用。

参加本套丛书编写的多为施工单位的一线工程技术人员，还有设计、科研单位和部分大专院校的专家、教授，参与审核的多为水利水电行业内有丰富施工经验的知名人士，全体参编人员和审核专家都付出了辛勤的劳动和智慧，在此一并表示感谢！在丛书的编写过程中，武汉大学水利水电学院的申明亮、朱传云教授，三峡大学水利与环境学院周宜红、赵春菊、孟永东教授，长江勘测规划设计研究院陈勇伦、李锋教授级高级工程师，黄河勘测规划设计有限公司孙胜利、李志明教授级高级工程师等，都对本书的编写提出了宝贵的意见，我们深表谢意！

中国水利工程协会组织并主持了本套丛书的审定工作，有关领导给予了大力支持，特邀专家们也都提出了修改意见和指导性建议，在此表示衷心感谢！

由于水利水电施工技术和工艺正在不断地进步和提高，而编写人员所收集、掌握的资料和专业技术水平毕竟有限，书中难免有很多不妥之处乃至错误，恳请广大的读者、专家和工程技术人员不吝指正，以便再版时增补订正。

让我们不忘初心，继续前行，携手共创水利水电工程建设事业美好明天！

《水利水电工程施工实用手册》编委会

2017年10月12日

目 录

上 册

下 册

第一章

金属结构焊接

第一节　焊接应力与钢结构的变形

焊接时一般采用集中热源局部高温加热，因此在焊件上产生不均匀温度场。在不均匀温度场作用下，焊件不可避免地将产生应力和变形。当残余应力和变形超过某一范围时，将直接影响钢结构的承载能力、使用寿命、加工精度和尺寸，引起脆性断裂、疲劳断裂、应力腐蚀裂纹等。

一、应力

1. 应力

物体受到外力作用时和加热引起物体内部之间相互作用的力，称内力。单位截面面积上的内力称为应力。

引起金属材料内力的原因有工作应力和内应力。如物体外部受拉力、压力或剪切力作用而形成的拉应力、压应力或剪应力统称工作应力。工作应力的产生和消失与外力有关。当构件有外力时内部即存在工作应力，相反同时消失；内应力是指在没有外力作用的条件下平衡于物体内部的应力，在物体内部构成平衡力系。按产生原因分类有热应力、相变应力和塑变应力。

热应力是指在加热过程中，焊件内部温度有差异所引起的应力，故又称温差应力。热应力的大小与温差有关，温差越大应力越大，温差越小应力越小。

相变应力是指在加热过程中局部金属发生相变，使比容增大或减小而引起的应力。

塑变应力是指金属局部发生拉伸或压缩塑性变形后引

起的内应力。对金属进行剪切、弯曲、切削、冲压、铆接、铸造等冷热加工时常产生这种内应力。

2. 残余应力

(1) 温度产生内应力的原因。温度差异所引起应力(热应力)的举例如图 1-1 所示。它是一个既无外力又无内应力封闭的金属框架,若只对框架中心杆件加热,而两侧杆件保持原始温度,如果无两侧杆件和封闭框架的限制,中心杆件随温度的升高而伸长,但由于受到两侧杆件和封闭框架的限制,不能自由伸长,此时中心杆件受压而产生压应力,两侧杆件受到中心杆件的反作用受拉而产生拉应力,压应力和拉应力是在没有外力作用下产生的。压应力和拉应力在框架中互相平衡,由此构成了内应力。如果加热的温度较低,应力在金属框架材料的弹性极限范围内,当温差消失后,温度差产生的应力随之消失。

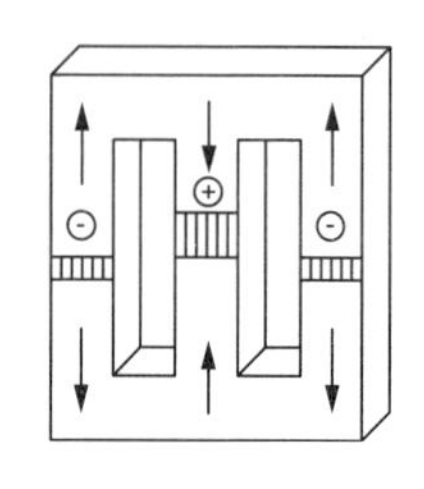

图 1-1 封闭金属框架

(2) 残余应力。如果加热时产生的内应力大于材料的弹性极限,中间杆件就会产生压缩塑性变形,当温度恢复到原始温度,若杆件能自由收缩,那么中间杆件的长度必然要比原来的短,这个差值就是中心杆件的压缩塑性变形量,若杆件不能自由收缩,中间杆件就会产生内应力,这种内应力是温度均匀后产生在物体中的,故称残余应力。实际上框架内侧杆件阻碍着中心杆件的自由收缩使其受到残余拉应力,两侧杆件本身则由于中心杆件的反作用而产生残余压应力。

二、变形

在外力或温度等因素的作用下,引起金属物体形状和尺寸发生变化,这种变化称物体的变形。变形有弹性变形、塑性变形、自由变形和非自由变形(包括外观变形和内部变形)。当外力去除或温度均匀化后变形随即消失,物体恢复到原状,这个变形称为弹性变形,不能恢复原状的变形称塑性变形;如果金属杆件因受热发生相变,引起形状和尺寸变化时，未受到外界任何阻碍而自由的进行，这种变形称为自由变形，受到外界阻碍的称为非自由变形。

三、焊接应力与变形产生的原因

构件均匀加热时，如在升温过程中产生了塑性变形，那么在自由冷却时，此变形将保留下来，形成残余变形。对于约束的杆件，在不高的温度（对低碳钢可推导出这个温度约为 100℃）时即产生压缩塑性变形，该变形在自由冷却后将被保留下来，如果在冷却时受约束，则必然会产生拉伸应变和拉伸应力，完全受约束的，即使加热温度不高（对低碳钢而言，加热温度超过 200℃），产生的压缩塑性变形也足以使其在冷却时产生的拉伸应力达到材料的拉伸屈服点。

实际焊接是一个局部加热过程，焊件上的温度分布极不均匀，在焊缝附近，焊接热循环峰值加热温度均会超过600℃，熔合线处的峰值温度已达熔点温度。如果焊接速度足够快（图 1-2），可近似认为沿焊缝纵向不存在温度梯度，这样，焊接热源可看成是在焊缝中心同时加热。设想将焊接试板沿焊缝长度方向平行地分切成若干长板条，这样每个长板条受热情况应和前述杆件类似。根据平截面假定，焊接构件在焊前的某一横截面（见图 1-2 Ⅰ-Ⅰ 截面），焊后仍将保持为平面，但离焊缝距离不同处的长板条受热的峰值温度是不同的，离焊缝越远处的长板条受热峰值温度越低，而相邻长板条间的变形又彼此受到约束，最终造成近焊缝区域受到拉伸应力作用产生拉伸塑性变形，而远离焊缝处受到压缩应力作用产生压缩塑性变形，必然引起焊接接头横向残余应力及纵向残余应力。

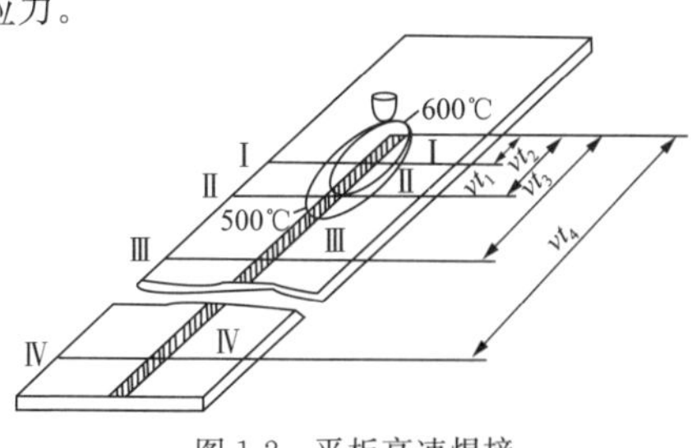

图 1-2　平板高速焊接

四、焊接残余应力对结构的影响

熔化焊必然会带来焊接残余应力，焊接残余应力在钢结构中并非都是有害的。根据钢结构在工程中的受力情况、使用的材料、不同的结构设计等，正确选择焊接工艺，将不利的因素变为有利的因素。同时要做到具体情况具体分析。

1. 对静载强度的影响

正常情况下，平板对接直通焊（见图 1-3）焊接纵向残余应力分布，中间部分为拉应力，两侧为压应力。若焊件在外拉应力 F 的作用下，焊件内部的应力分布将发生变化，焊缝两侧受压应力会随着拉应力 F 的增加，压应力逐渐减小而转变为拉应力，而焊件中的拉应力与外力叠加。如果焊件是塑性材料，当叠加力达到材料的屈服点时，局部会发生塑性变形，在这一区域应力不会再增加，通过塑性变形焊件截面的应力可以达到均匀化。因此，塑性良好的金属材料，焊接残余应力的存在并不影响焊接结构的静载强度。在塑性差的焊件上，因塑性变形困难，当残余应力峰值达到材料的抗拉强度时，局部首先发生开裂，最后导致钢结构整体破坏。由此可知，焊接残余应力的存在将明显降低脆性材料钢结构的静载强度。

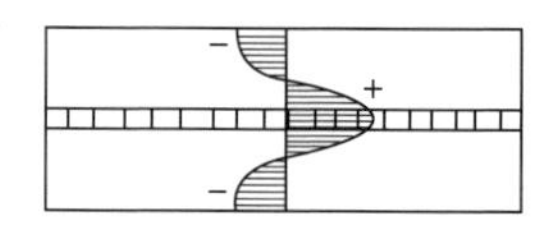

图 1-3　平板对接焊缝纵向残余应力分布

2. 对构件加工尺寸精度的影响

对尺寸精度要求高的焊接结构，焊后一般都采用切削加工来保证构件的技术条件和装配精度。通过切削加工把一部分材料从构件上去除，使截面积相应减小，同时也释放了部分残余应力，使构件中原有残余应力的平衡得到破坏，引起构件变形。图 1-4 在 T 型焊件上切削腹板上表面，切削后去除压板，T 型焊件就会失稳产生上挠变形，影响 T 型焊件的精度。为防止因切削加工产生的精度下降，对精度要求高的焊件，在切削加工前应对焊件先进行消除应力退火，再进行切削加工。也可采用多次分步加工的办法，释放焊件中的残余应力和变形。

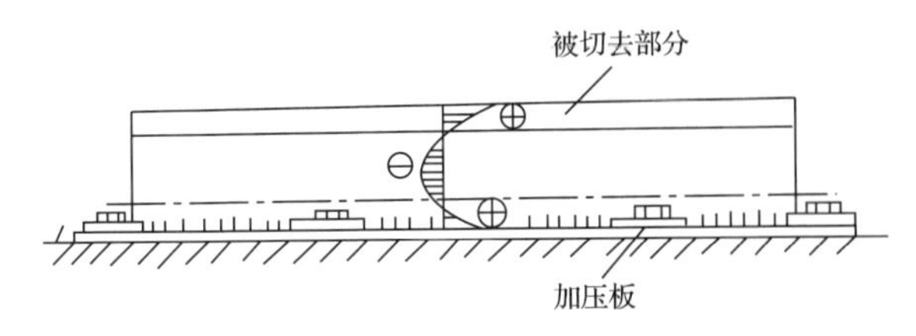

图 1-4　切削加工引起内应力释放和变形

3. 对受压杆件稳定性的影响

焊接后工字梁(H 型)中的残余应力和外载引起的压应力叠加之和达到材料的屈服点时，这部分截面就丧失进一步承受外载的能力，削弱了有效截面积。这种压力的存在，会使工字梁稳定性明显下降，使局部或整体失稳，产生变形。

焊接残余应力对杆件稳定性的影响大小与内应力的分布有关。图 1-5 为 H 型焊接杆件的内应力分布。如果 H 型杆件中的翼板采用火焰切割，或者翼板由几块叠焊起来的则可能在翼板边缘产生拉伸应力，其失稳临界应力比一般焊接的 H 型截面高。

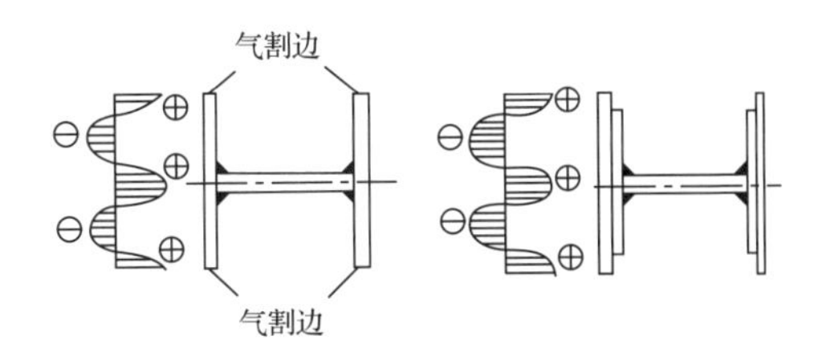

图 1-5　带火焰切割边及带翼板的 H 型杆件的应力分布

4. 对应力腐蚀裂纹的影响

金属材料在某些特定介质和拉应力的共同作用下发生的延迟开裂现象，称为应力腐蚀裂纹。应力腐蚀裂纹主要是由材质、腐蚀介质和拉应力共同作用的结果。

采用熔化焊焊接的构件，焊接残余应力是不可避免的。焊件在特定的腐蚀介质中，尽管拉应力不一定很高，都会产生应力腐蚀开裂。其中残余拉应力大小对腐蚀速度有很大的影响。当焊接残余应力与外载荷产生的拉应力叠加后的拉应力值越高，产生应力腐蚀裂纹的倾向就越高，发生应力腐蚀开裂的时间就越短。所以，在腐蚀介质中服役的焊件，首先要选择抗介质腐蚀性能好的材料，此外对钢结构的焊缝及其周围处进行锤击，使焊缝延展开，消除焊接残余应力。对条件允许焊接加工的钢结构，在使用前进行消除应力退火等。

五、焊接变形对钢结构的影响

设计的钢结构首先要实用、安全、经济美观。焊接成型的钢结构必须满足设计要求。表面平整无凸凹不平现象，整体上平整顺直无弯曲扭斜。

多数钢结构的部件经焊接成型后，都采用螺栓、螺钉、铆钉等连接件组装在一起，或通过压板与其他构件进行拼接。如果焊接使构件发生变形、表面凸凹不平、构件发生弯曲扭斜等，组装时很难将拼接件贴紧，变形量超过某一数值时，拼接很难进行，甚至不能拼接。如两个正方体箱形框架进行组装，其中有一个发生扭曲变形，其形状由原来的正方体变成棱形体，整个端面发生转动，被拼接的正方体箱形框架之间就很难使横竖梁之间的孔相互对应进行组装，由此需进行返修或报废。

对采用螺栓进行连接的焊接构件，要充分考虑到因焊接、切割热过程引的纵向、横向构件发生缩短现象，如果事先未留收缩量，会造成钢结构整体难以组装。所以，对外形尺寸、整体精度、孔连接要求高的组装件，必须考虑热收缩带来的不利影响。

变形会降低构件的承载能力。如 H 型钢发生挠曲变形在承受载荷时，当承受的载荷小于发生挠曲变形的某一强度值时，H 型钢处于稳定状态。当竖向载荷大于某一强度值时，H 型钢则向凹的方向弯曲，甚至发生扭转，使 H 型钢丧失稳定性而失去继续承载的能力。如果 H 型钢发生的变形较小，或控制在技术要求的范围内，则其承载能力损失就会减小。

经验之谈

减小焊接应力的方法

★采用合理的焊接顺序和方向

1. 焊接平面上的焊缝，要保证纵向焊缝和横向焊缝(特别是横向)能够自由收缩。如对接焊缝，焊接方向要指向自由端。

2. 先焊收缩量较大的焊缝，如结构上有对接焊缝，也有角焊缝，应先焊收缩量较大的对接焊缝。

3. 先焊横向短焊缝。

4. 工作时应力较大的焊缝先焊，使内应力分布合理。

5. 交叉对接焊缝焊接时，必须采用保证交叉点部位不易产生缺陷的焊接顺序。

★降低焊接结构的局部刚性

在焊接封闭焊缝或其刚性较大的焊缝时，可以采取反变形法来降低结构的局部刚性，或者在焊缝附近开缓和槽的方法，降低焊接部位的局部刚性。

★加热“减应区”

加热那些阻碍焊接区自由伸缩的部位(“减应区”)，使之与焊接区同时膨胀、同时收缩。

★采用“冷焊”的方法降低焊接残余应力

“冷焊”的原则是尽量使焊接结构上的温度分布均匀，要求焊缝的局部温度尽量控制得低些，同时这个局部在焊接结构整体中所占的体积尽量小些。在冷焊操作时采用较小直径的焊条，较小的焊接电流，每次只焊很短一段焊缝。每道焊完后，要冷却至不烫手时，才可焊下道焊缝。

★锤击焊缝

在每道焊缝冷却过程中，用圆头小锤锤击焊缝，使焊缝金属受锤击产生塑性拉伸变形而向四周延展，抵消焊缝的收缩而降低内应力。锤击应保持均匀适度，避免锤击过度而产生过深的锤痕。

★焊前预热

焊件焊前预热可整体预热，也可焊接区局部预热。

第二节　消除焊接残余应力的方法

一、减小焊接应力的方法

为减小焊接残余应力，应采取下列工艺措施。

1. 采用合理的焊接顺序和方向

（1）焊接平面上的焊缝，要保证纵向焊缝和横向焊缝（特别是横向）能够自由收缩。如对接焊缝，焊接方向要指向自由端。

（2）先焊收缩量较大的焊缝，如结构上有对接焊缝，也有角焊缝，应先焊收缩量较大的对接焊缝，如图 1-6 所示。

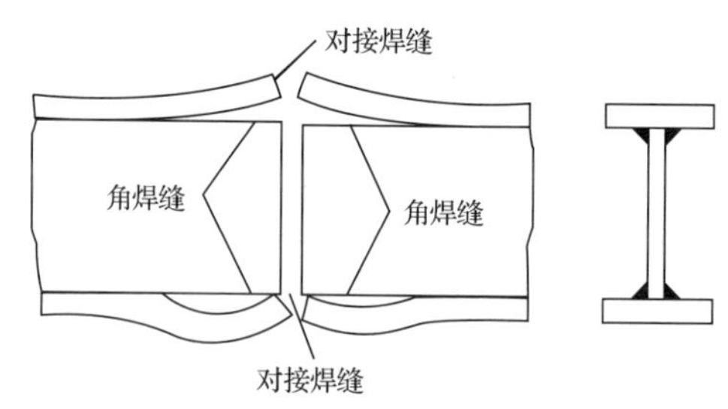

图 1-6　按收缩量大小确定焊接顺序

（3）先焊横向短焊缝，如图 1-7 所示。

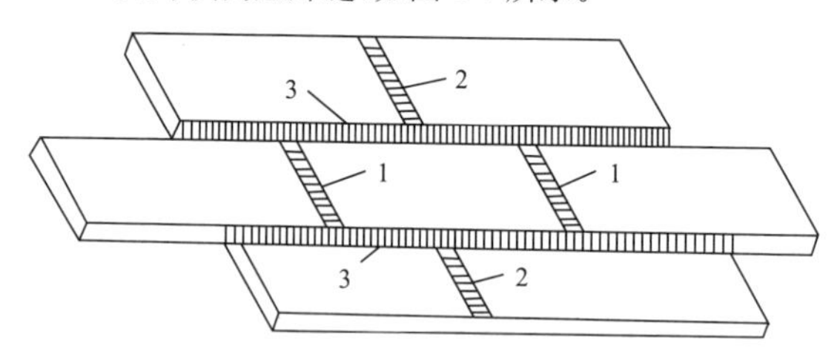

图 1-7　拼板时选择合理的焊接顺序

注：图中阿拉伯数字 1、2、3 为焊接顺序。

（4）工作时应力较大的焊缝先焊，使内应力分布合理，如图 1-8 所示。

（5）交叉对接焊缝焊接时，必须采用保证交叉点部位不

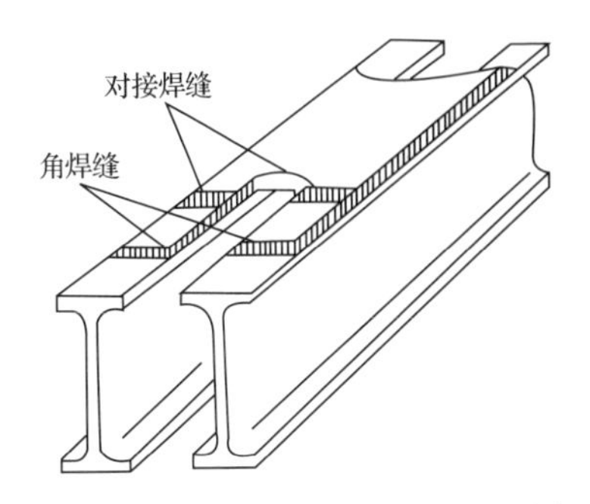

图 1-8　按应力收缩量大小确定焊接顺序

易产生缺陷的焊接顺序。图 1-9 所示的 T 字焊缝和十字焊缝焊接时，应该将交叉处先焊的焊缝铲干净，按图中的顺序焊接，才能使 T 字焊缝和十字焊缝的横向收缩比较自由，有助于避免在焊缝的交点处产生裂纹。

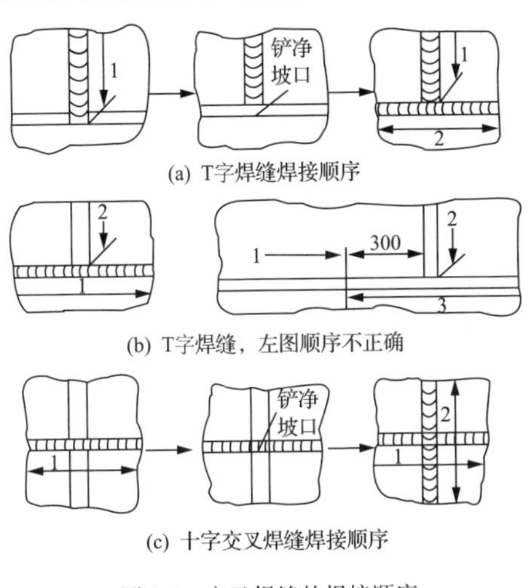

图 1-9　交叉焊缝的焊接顺序

注：图中阿拉伯数字 1、2、3 是焊接顺序。

2. 降低焊接结构的局部刚性

结构刚性增加时，焊接应力随之加大。因此，降低构件焊接部件的局部刚性，有利于减小应力。在焊接封闭焊缝或其刚性较大的焊缝时，可以采取反变形法来降低结构的局部刚性，或者在焊缝附近开缓和槽的方法来降低焊接部位的局部刚性。

3. 加热“减应区”

焊接时，加热那些阻碍焊接区自由伸缩的部位，使之与焊接区同时膨胀、同时收缩，就能减小焊接应力，这种方法称为加热“减应区”法，或称为同步收缩法。加热的部位就称为“减应区”。

4. 采用“冷焊”的方法降低焊接残余应力

“冷焊”的原则是尽量使焊接结构上的温度分布均匀，要求焊缝的局部温度尽量控制得低些，同时这个局部在焊接结构整体中所占的体积尽量小些。这种在结构中尽量减小温差的办法，可以有效地减小焊接残余应力，降低热应力裂纹倾向。

在冷焊操作时采用较小直径的焊条，较小的焊接电流，每次只焊很短一段焊缝。例如，铸铁的补焊每段只焊 10～40mm。焊刚性较大的构件，每次只焊一根或半根焊条。每道焊完后，要冷却至不烫手时，才可焊下道焊缝。

5. 锤击焊缝

在每道焊缝冷却过程中，用圆头小锤锤击焊缝，使焊缝金属受锤击产生塑性拉伸变形而向四周延展，抵消焊缝的收缩而降低内应力。锤击应保持均匀适度，避免锤击过度而产生过深的锤痕。

6. 焊前预热

焊前预热的目的是使焊接区和结构的温度梯度减小，降低约束度，达到减小焊接内应力的目的。焊件焊前预热可整体预热，也可焊接区局部预热。预热的方法有炉内整体加热、局部远红外线加热、局部工频加热、火焰加热等。

二、降低和消除焊接残余应力的方法

常用的方法有整体高温回火、局部高温回火、温差拉伸法等。

1. 整体高温回火(亦称整体消除应力退火)

将焊接结构整体放入炉中加热,缓慢地加热至一定温度,然后保温一段时间再冷却。对低碳钢结构加热至600～650℃,并保温一定时间,一般每毫米板厚保温4～5min,但不得小于1h,然后随炉缓冷或空冷。通过焊件的整体高温回火,可以消除焊件80%～90%的残余应力。因此,高温整体回火是生产中应用最广、效果最好的一种消除焊接应力的方法。

2. 局部高温回火处理

这种处理方法是把焊缝周围的一个局部区域进行加热,只能降低应力的峰值,使应力的分布比较平缓,起到部分消除应力的作用。局部加热适用于一些比较简单的焊接结构,一般用电阻、红外线、火焰和感应加热。

3. 温差拉伸法消除应力(低温消除应力法)

这种方法的基本原理是利用在结构上进行不均匀地加热造成适当的温差来使焊缝区产生拉伸变形,从而达到消除焊接应力的目的。具体作法是在焊缝两侧(图1-10)用一对宽100～150mm、中心距为120～270mm的氧-乙炔火焰喷嘴加热构件表面,使之达到200℃左右,在火焰喷嘴后一定距离,用一根带有排孔的水管进行喷水冷却,焊炬和喷水管以

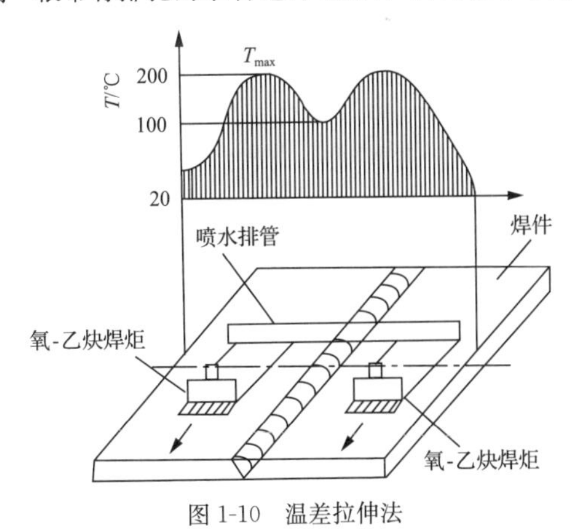

图1-10　温差拉伸法

相同速度向前移动，这样就形成了一个两侧温度高（其峰值约为200℃）、焊接区温度低（约为100℃）的温度差。由于两侧温度高于焊缝区，便在焊缝区产生拉伸应力，于是焊缝区金属被拉伸，达到局部消除焊接应力的目的。

第三节　防止和矫正焊接变形的方法

一、影响焊接残余变形的因素

1. 焊缝位置的影响

焊缝的位置对焊接残余变形的影响较大，它不仅影响变形的方向，而且还影响变形量的大小。如果焊缝在结构截面上相对重心线呈对称分布或位于重心线上，焊后主要引起纵向收缩变形和横向收缩变形，这两种变形属于直线上或平面内的变形。反之，如果焊缝偏心，即焊缝在结构截面内为不对称分布，焊后除了产生直线上的变形和平面内的变形外，还要产生在平面外的变形，如角变形和弯曲变形等。偏离截面重心线的距离越远，变形的程度越大。因此，设计焊接结构时应尽量避免焊缝的不对称分布。

2. 结构的刚性对焊接变形的影响

结构的刚性大，在外力的作用下不容易发生变形；结构的刚性小，则经不起外力的作用，容易发生变形；金属结构的刚性主要取决于结构的截面形状及其尺寸大小。一般来说，对于短而粗的焊接结构，刚性较大，焊后产生的变形也较小，对于细而长的构件其刚性较差，焊后容易产生弯曲变形，如果焊缝分布不对称，则产生的变形更大。焊接刚性较小的结构时，采用胎夹具或其他临时支撑的方法，增加结构焊接时的刚性，也可以达到减小焊接变形的目的。

3. 装配和焊接顺序对结构变形的影响

焊接结构的整体刚性是在装配和焊接过程中逐渐增大的。一般结构的整体刚性比它的零件或部件的刚性大。对于一些截面对称、焊缝布置也对称的简单焊接结构，可以先装配成整体，然后按正确的施焊顺序焊接。以工字梁的焊接为例，如图 1-11 所示。

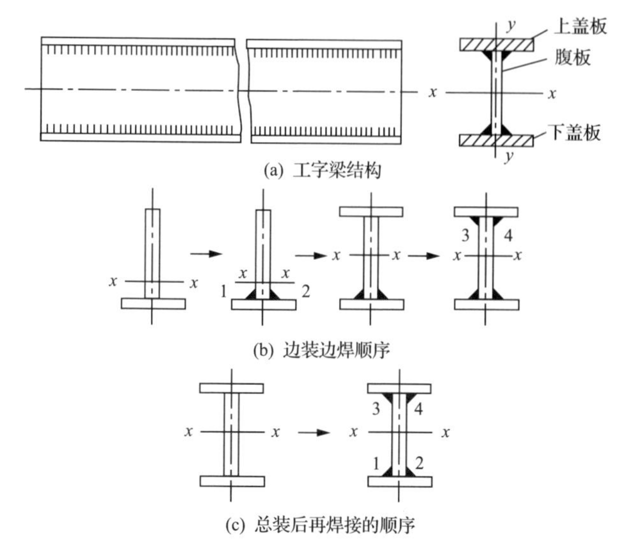

图 1-11　工字梁的装配顺序和焊接顺序

若按图 1-11(b)所示的边装边焊的顺序进行生产，则焊后会产生较大的上拱弯曲变形，若采用图 1-11(c)所示总装后焊接的顺序，则焊接变形就可以减小。同样，焊接顺序也很重要。图 1-11(c)所示工字钢，如果按 1、3、2、4 的先后顺序进行施焊，产生的往右拱的弯曲变形会较大，如果按 1、4、3、2 的顺序焊接，产生的扭曲变形会大些，但是产生的弯曲变形会较小。

对于大型而又复杂的焊接结构，一般采用先进行部件组装而后总装的方式，可减小焊接变形。对于焊缝分布不对称的结构可以通过调整焊接顺序来减小变形。对于易产生变形，焊缝又较长的结构，可通过采取断续焊和合理的焊接顺序来减小焊接变形。对于厚度较大的对接接头，合理的焊接顺序对减小变形尤为重要。图 1-12 为 X 型坡口对接接头不同焊接顺序的比较。

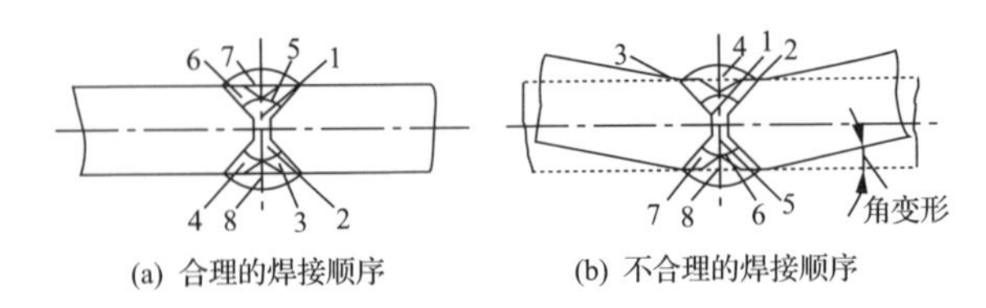

(a) 合理的焊接顺序　　(b) 不合理的焊接顺序

图 1-12　X 型坡口对接接头的焊接顺序

4. 其他影响焊接变形的因素

(1) 焊接材料的线膨胀系数。线膨胀系数大的金属，其焊后变形也大。常用材料中铝、不锈钢、16 锰钢、碳素钢的线膨胀系数依次减小，铝的焊后变形最大。

(2) 焊接方法。一般气焊的焊后变形比电弧焊的焊后变形大。

(3) 焊接工艺参数。焊接工艺参数主要是指焊接电流和焊接速度。一般焊后变形随着焊接电流的增大而增大，随着焊接速度的增大而减小。

(4) 焊接方向。对一条直缝来说，如果采用按同一方向从头到尾的焊接方法(直通焊)，其焊缝越长，焊后变形也越大。

(5) 焊接结构的质量和形状。质量较大或形状较长的焊件，焊后变形也较大。

上述影响焊接变形的各种因素并不是孤立的，而是共同起作用，所以制定防止焊接变形的措施时必须综合考虑。

二、控制焊接残余变形的措施

控制焊接残余变形工艺措施主要有以下几个方面：

1. 利用反变形法控制焊接变形

为了抵消和补偿焊接变形，在焊前进行装配时，先将工件向与焊接变形相反的方向进行人为的变形，这种方法称为反变形法。反变形法是生产中最常用的方法，通常适用于焊件的角变形和弯曲变形。

(1) 平板对接角变形的反变形。通常平板对接焊后，因焊缝的横向收缩在平板厚度上分布不均匀而产生角变形，如图 1-13(a)所示。经过实测，厚度为 8～12mm 的钢板，开 Y

型坡口中，单面焊后平板一个侧面的变形角约为1.5°，所以焊前装配时只要将焊件每侧板预留1.5°的反变形角，焊后就能基本消除角变形，如图1-13(b)所示。

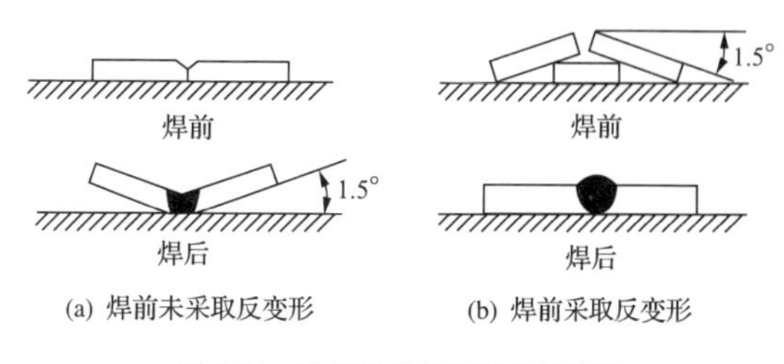

图1-13 平板对接角变形的反变形

(2) 工字梁盖板角变形的反变形。工字梁由上、下盖板及腹板组成。盖板与腹板间用4条角焊缝连接，焊后上、下盖板产生角变形，如图1-14(a)所示。生产中常将上、下盖板焊前预先在压力机上压制反变形，如图1-14(b)所示，然后进行焊接。当采用埋弧焊焊接时，要采用适当的装配角度来消除变形，如图1-14(c)所示。

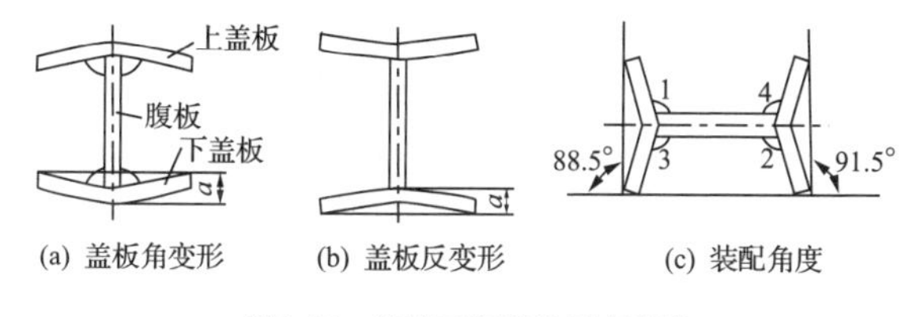

图1-14 焊接工字梁的反变形法

2. 用刚性固定法控制焊接变形

利用夹具、支撑、专用胎具、定位焊等方法来增大结构的刚性，减小焊接变形的方法称为刚性固定法。刚性固定法简单易行，是生产中常用的一种减小焊接变形的方法。生产中常用刚性固定配合反变形来控制焊接变形。

(1) 工字梁刚性固定法焊接。小型工字梁中采用刚性固定法减小弯曲变形和角变形，如图1-15所示。可以将装配好的梁固定在平台上，或将两根工字梁的盖板两两卡紧(相隔

500～600mm)，然后由两名焊工按图示方向焊接，焊完上盖板，调头再焊下盖板。

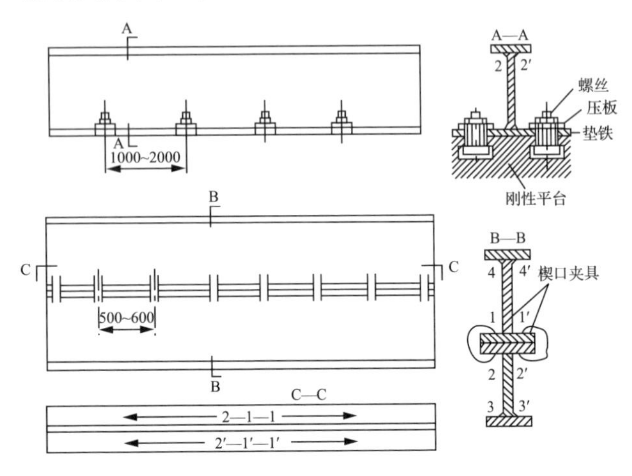

图 1-15　工字梁刚性固定法焊接

(2) 丁字梁刚性固定法焊接。图 1-16(a)所示的丁字梁刚度较小，焊后易产生梁的弯曲变形、角变形和旁弯，生产中

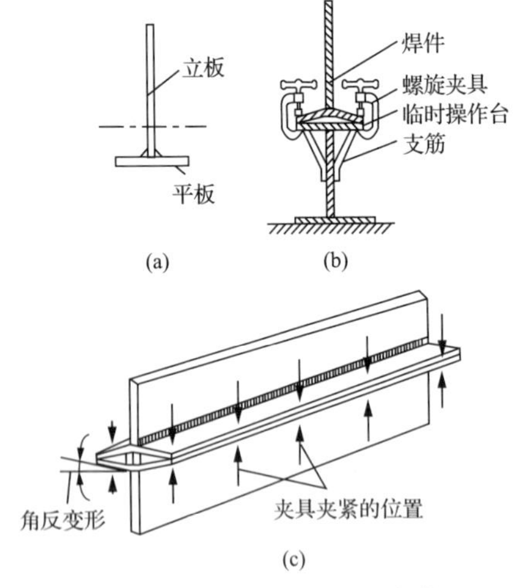

图 1-16　丁字梁刚性固定法焊接

常用刚性固定法，如图 1-16(b)所示。将丁字梁用螺旋夹具夹紧在临时操作台上，中间垫一小板条，在夹具力的作用下，造成盖板反变形。生产批量大时，可利用丁字梁本身“背靠背”地用螺旋夹具夹紧后焊接，如图 1-16(c)所示。

(3) 选择合理的装焊顺序控制焊接变形。同一焊接结构，采用不同的装焊顺序，所引起的焊接变形量往往不同，应选择引起焊接变形最小的装焊顺序。一般采取总装后焊接的顺序，结构焊后焊接变形较小，如前面已提及的工字梁的装焊顺序。但对某些具体焊接结构，图 1-17 所示的内部有大小隔板的封闭箱形梁结构，因不能先总装后焊接，往往采取边装边焊的方式，先制成Ⅱ形梁，再制成箱形梁。

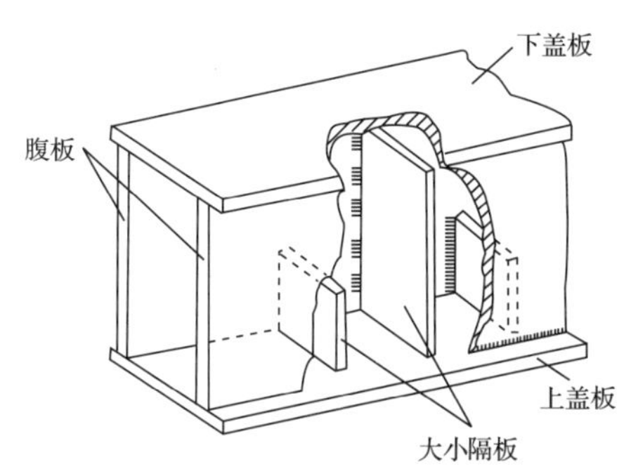

图 1-17　封闭的箱形梁结构

图 1-18 为Ⅱ形梁的装焊顺序。先将大小隔板与上盖板装配好，随后焊接焊缝，由于焊缝 1 几乎与盖板截面重心重合，故无太大变形；接着按图示装焊，不仅结构刚性加大，而且焊缝 2 和焊缝 3 对称，所以焊后整个封闭箱形梁结构的弯曲变形很小。

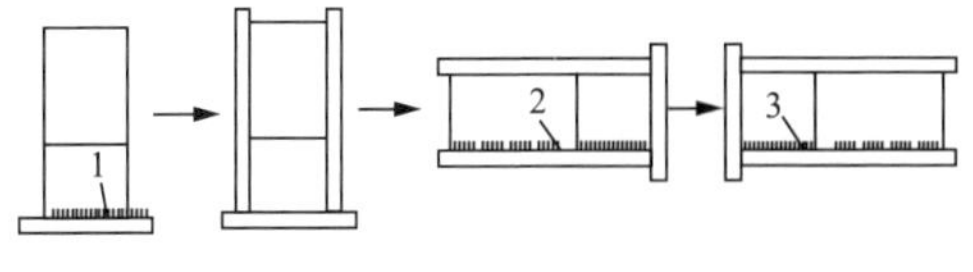

图 1-18　Ⅱ形梁的装焊顺序

(4) 选择合理的焊接顺序控制焊接变形。当焊接结构上有多条焊缝时，不同的焊接顺序将会引起不同的焊接变形量。合理的焊接顺序是指：当焊缝对称布置时，应采用对称焊接；当焊缝不对称布置时，应先焊焊缝小的一侧。此外，采用跳焊法、分段退焊法等控制焊接变形均有较好的效果。

1) 对称焊接。图 1-19 所示的圆筒体对接焊缝就应由两名焊工对称地按图中顺序同时施焊。

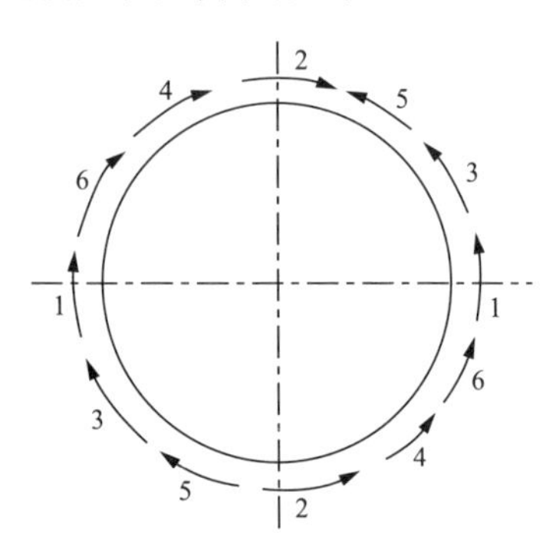

图 1-19　圆筒体对接焊缝对称焊接顺序

2) 焊缝不对称结构的焊接图 1-20(a)所示的压力机型胎由于焊缝不对称，焊后易产生下挠弯曲变形。按图 1-20(b)所示先焊对称焊焊缝 1 和 1′，产生如图 1-20(b)所示的上拱变形；然后焊图 1-20(d)所示 2 和 2′焊缝，最后焊 3 和 3′焊缝。由于 2、2′和 3、3′四条焊缝引起的变形与 1、1′焊缝引起的变形相反，所以基本防止了下挠变形。当只有一名焊工操作时，则选择船形位置进行焊接，如图 1-20(e)所示，采用多层焊，按图 1-20(e)所示的顺序焊接，总的规律也是焊缝少的一侧先焊。

(5) 散热法。散热法又称强迫冷却法。就是把焊接处热量散走，使焊缝附近的金属受热面大大减小，达到减小变形的目的。散热法有水浸法和散热垫法。水浸法如图 1-21(a)所示，散热垫法如图 1-21(b)所示。散热垫一般采用紫铜板，有时中间钻孔通水，这些垫越靠近焊缝，防止变形的效果越好。在工厂中常用紫铜板散热焊接不锈钢薄板。

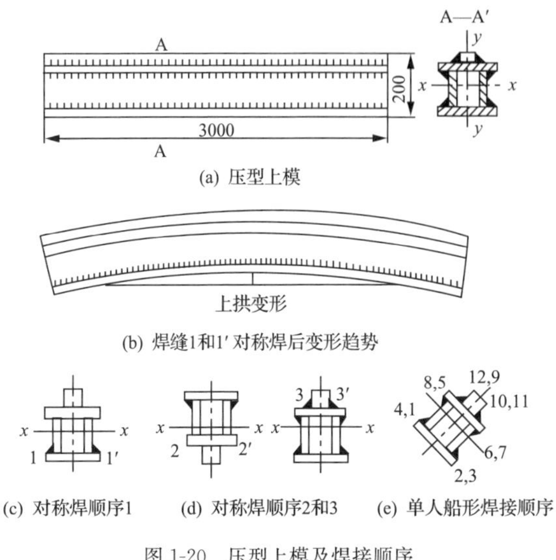

(a) 压型上模

(b) 焊缝1和1′对称焊后变形趋势

(c) 对称焊顺序1　(d) 对称焊顺序2和3　(e) 单人船形焊接顺序

图 1-20　压型上模及焊接顺序

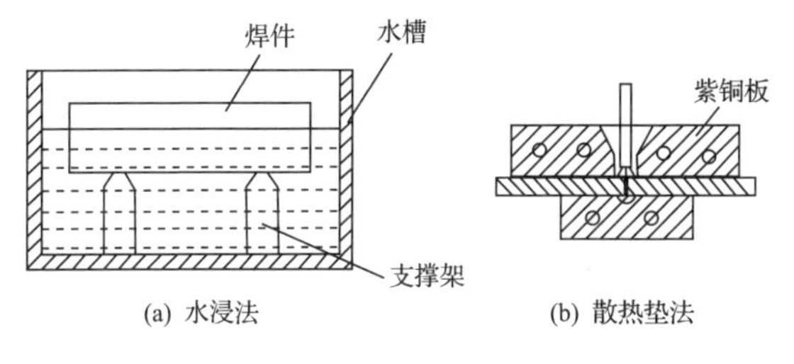

(a) 水浸法　(b) 散热垫法

图 1-21　散热法示意图

(6) 锤击法。利用锤击焊缝使焊缝延伸，就能在一定程度上克服由焊缝收缩所引起的变形。例如，薄板对接焊后会产生波浪变形，就可以用锤在焊缝长度方向上对焊缝进行锤击来克服其变形。

(7) 选择合理的焊接方法。选用能量比较集中的焊接方法如 CO_2 气体保护焊、等离子弧焊来代替气焊和手工电弧焊进行薄板焊接，可减小变形量。

三、焊后残余变形的矫正方法

常用的矫正方法有机械矫正法和火焰矫正法两种。

1. 机械矫正法

机械矫正法就是利用机械力的作用使构件产生与焊接变形相反的塑性变形来矫正焊接变形的方法。该法速度快、效果好，最适用于矫正焊件焊后的弯曲变形和角变形。图 1-22 为工字梁焊后变形的机械矫正。

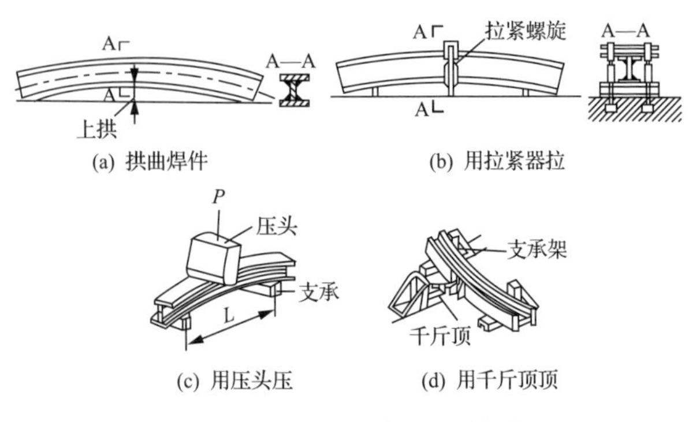

图 1-22　工字梁焊后变形的机械矫正

2. 火焰矫正法

利用气体火焰产生的热量对焊件进行局部加热矫正焊接变形的方法，称气体火焰矫正法。其实质是，利用金属局部受火焰加热后的收缩所引起的新的变形（与焊接变形方向相反）去克服各种已经产生的焊接变形。常用的加热气体火焰是普通的氧-乙炔焰，一般采用中性焰。

（1）火焰矫正的加热方式。火焰在钢材表面加热面积的形状可以是多种多样的，常用的火焰矫正加热方式有点状加热、线状加热和三角形加热。

1）点状加热。把被矫正钢材的表面加热一个个圆圈状，称为点状加热矫正。点状加热时圆圈之间的相互位置和距离见图 1-23。厚板加热点直径比薄板要大些，通常不小于 15mm。钢材变形量越大，点与点之间的距离 a 就越小，一般控制在 50～100mm。加热完一个点后，立即用木槌锻打该点及其周围区域。

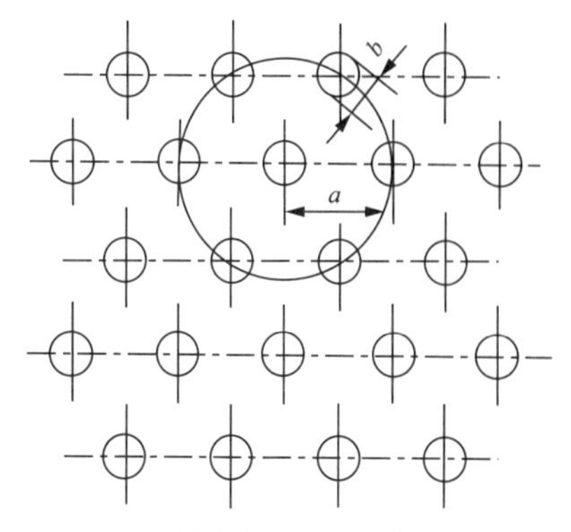

图 1-23　点状加热

2）线状加热。把需被矫正钢材表面加热区域呈一个宽带状，称为线状加热矫正。线状加热时，火焰沿直线方向移动或同时在宽度方向做有规律的横向摆，形成直通加热、链状加热和带状加热三种线状加热方式，见图 1-24。线状加热的加热线宽应为钢板厚度的 0.5～2 倍。

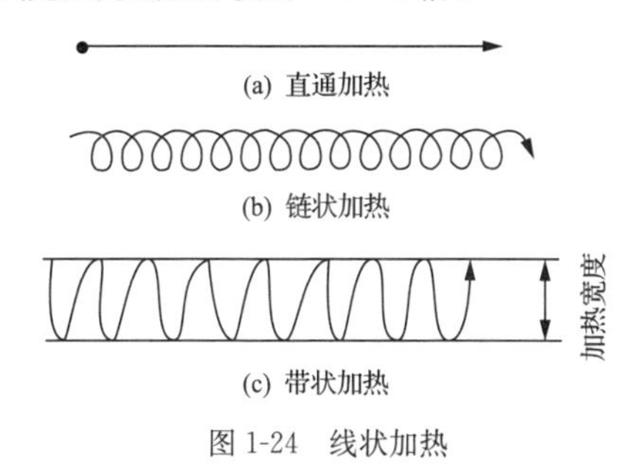

图 1-24　线状加热

3）三角形加热。把被矫正钢材的表面加热区域呈一只只三角形状，称为三角形加热矫正。丁字梁焊后上拱变形的三角形加热矫正见图 1-25。三角形加热面积的方向应为底边在被矫正的钢板边缘，顶端朝内。常用于矫正大厚度、强刚性焊件的弯曲变形，实际操作时，可以用两个或更多个焊炬同时进行加热。

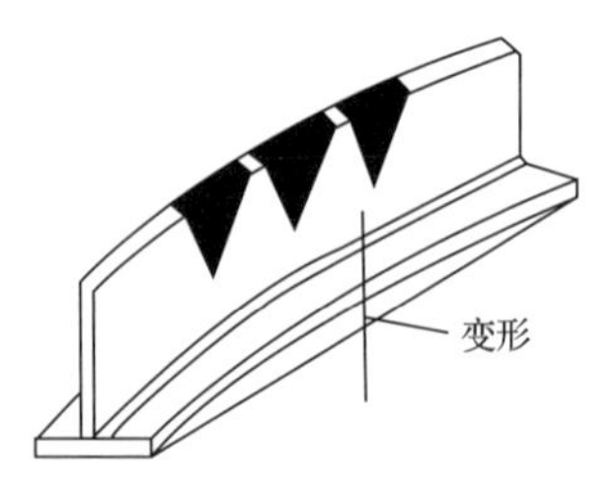

图 1-25　三角形加热

(2) 火焰矫正实例——钢板的火焰矫正。钢板常因运输等原因产生波浪和挠曲变形,需要矫正后使用。矫正时,较薄的板需用夹具(羊角铁)将板的四周压紧。

1) 钢材周边存在波浪变形的矫正。如图 1-26 所示,将钢板放在平台上,压紧三边,用线状加热,先从凸起两侧平的地方开始,然后向凸起处围拢,加热线顺序和方向如图 1-26 所示。为提高矫正速度,火焰加热的同时用水急冷。图 1-27 为加水冷却火焰矫正的水、火关系。矫正完钢板的一边后,松开夹具,再用同样方法矫正另一边。

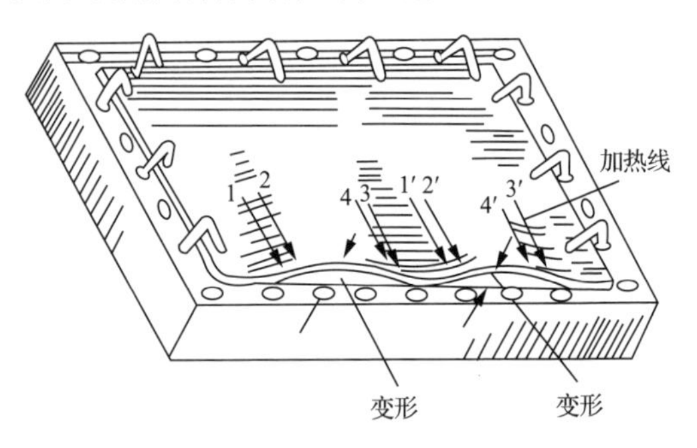

图 1-26　钢材周边有波浪变形的火焰矫正

2) 钢板中间凸起变形的矫正。将钢板四周压紧,在中间凸起两侧平的地方开始进行线状加热,逐步向凸起变形处围拢。加热线的分布和顺序如图 1-28 所示。

3) 中厚板均匀弯曲变形的矫正。用平尺测量弯曲变形值,如图 1-29(a)所示,找出凸出的最高点,用大号焊炬在最高点附近进行线状加热，如图 1-29(b)所示。

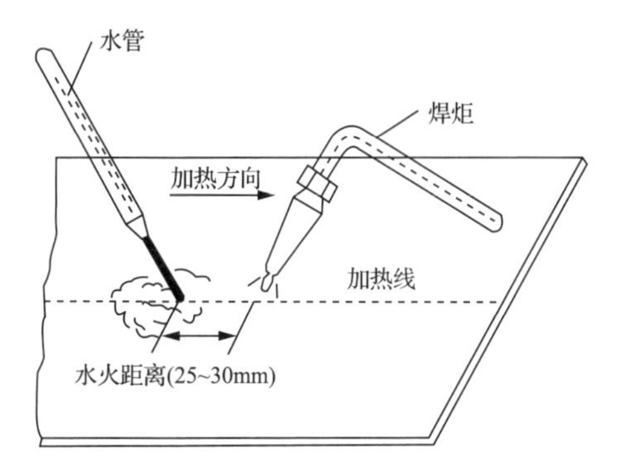

图 1-27　加水冷却火焰矫正的水、火关系

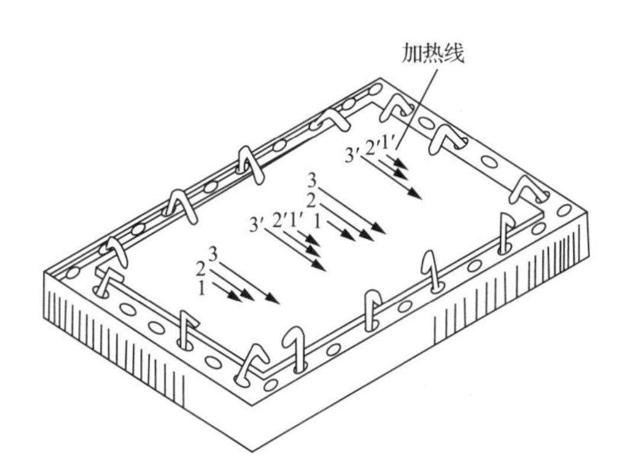

图 1-28　钢板中间凸起变形的矫正

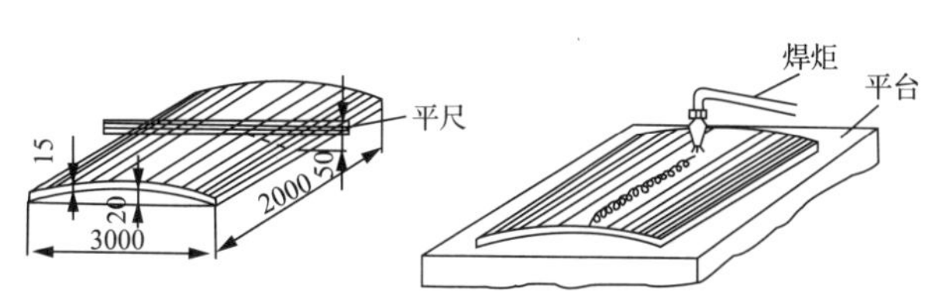

(a) 用平尺测量弯曲变形值　(b) 用大号焊炬在最高点附近进行线状加热

图 1-29　厚钢板火焰矫正

第二章

焊接质量检验

质量检验是始终贯穿在焊前、焊接过程中和焊后的全过程,是保证和控制焊接质量的重要手段。焊前检验的目的是以预防为主,积极做好施焊前的各项准备工作,最大限度地避免或减小焊接缺陷的产生。焊接过程中检验的目的是及时发现焊接缺陷,提出应对措施和进行有效的修复,保证焊接结构件在制造过程中的质量。除了前两个阶段的检验项目外,还需对产品进行焊后质量检验,以确保焊件质量完全符合技术文件要求。

第一节　焊接质量检验的依据和内容

焊接质量检验分为破坏性检验、非破坏性检验两大类。每大类又有具体的检验方法,如图 2-1 所示。重要的焊接结构(件)的产品验收,必须采用不破坏其原有形状、不改变或不影响其使用性能的检测方法来保证产品的安全性和可靠性。

一、焊接质量检验的依据

焊接生产中必须按施工图纸、技术标准和检验文件规定的方法进行检验。

1. 施工图纸

焊接加工的产品应按图纸的规定进行,图纸规定了原材料、焊缝位置、坡口形状和尺寸及焊缝的检验要求。

2. 技术标准

包括国家的、行业的和企业的有关技术标准和技术法规,它规定了焊接产品的质量要求和质量检验方法。是从事检验工作的指导性文件和主要依据。

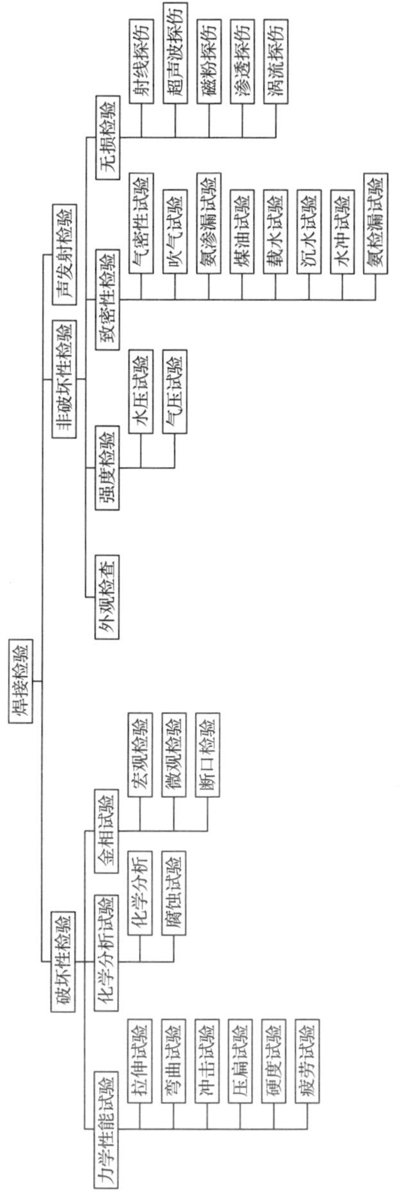

图 2-1 焊接检验方法的分类

3. 检验文件

包括规程和检验工艺等，具体规定了检验方法和检验程序，指导现场人员进行工作。此外，还包括检查工程中收集的检验单据，包括检验报告、不良品处理单、更改通知单（如图纸更改、工艺更改、材料代用、追加或改变检验要求）等所使用的书面通知。

4. 订货合同

用户对产品焊接质量的要求在合同中有明确标定的，也可以作为图纸和技术文件的补充规定。

焊接质量的检验可分为三个阶段，即焊前、焊接过程中和焊后成品的检验。焊前检验主要是检查技术文件是否完整齐全，并符合各项标准、法规的要求；原材料的质量验收；焊接设备是否完好、可靠以及焊工操作水平、资格的认可等。焊接过程中检验主要包括焊接设备的运行情况、焊接工艺执行情况的检查等。焊后成品检验是焊接检验的最后一个环节，是鉴别产品质量的主要依据。成品检验的方法和内容主要包括外观检验、焊缝的无损探伤、耐压及致密性试验等。

二、焊缝外观形状尺寸检验

外观检验焊缝是一种常用的检验方法，是用肉眼或借助样板，或用低倍放大镜（不大于 5 倍）观察焊件外形尺寸的检验方法。焊缝外观形状尺寸检验包括直接和间接外观检验。直接外观检验是用眼睛直接观察焊缝的形状尺寸，检验过程

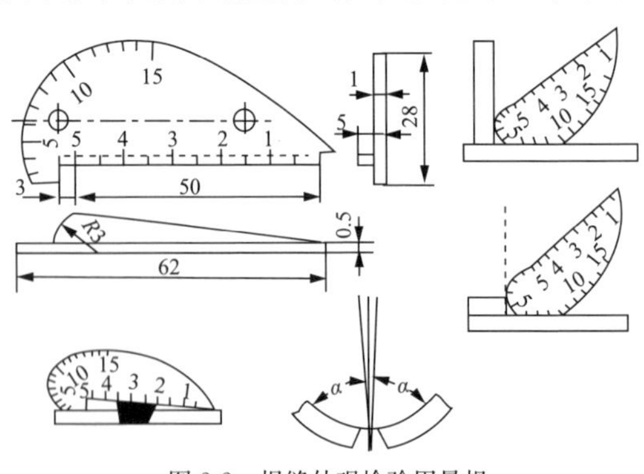

图 2-2 焊缝外观检验用量规

中可采用适当的照明，利用反光镜调节照射角度和观察角度，或借助于低倍放大镜进行观察；间接外观检验必须借助工业内窥镜等工具进行观察，用于眼睛不能接近的被焊结构件，如直径较小的管子及焊制的小直径容器的内表面焊缝等。测量焊缝外形尺寸时可采用标准样板和量规，如图 2-2 和图 2-3 所示。

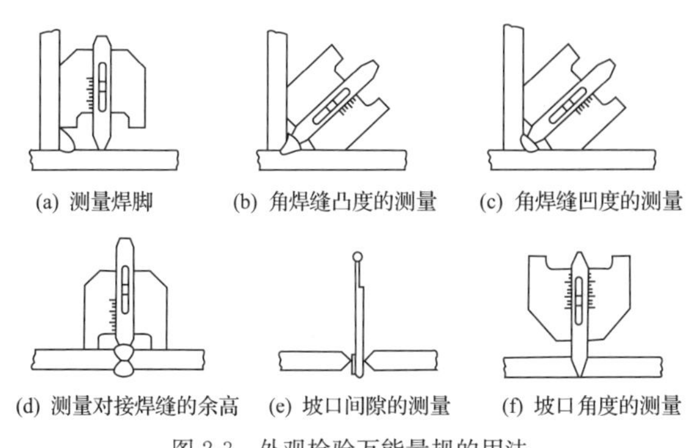

(a) 测量焊脚　(b) 角焊缝凸度的测量　(c) 角焊缝凹度的测量

(d) 测量对接焊缝的余高　(e) 坡口间隙的测量　(f) 坡口角度的测量

图 2-3　外观检验万能量规的用法

熔化焊钢结构焊缝宽度与余高允许范围见表 2-1。焊缝边缘直线度见表 2-2。CO_2 气体保护焊角焊缝焊脚尺寸要求见表 2-3。

表 2-1　熔化焊钢结构焊缝宽度与余高允许范围

焊接方法	焊缝形式	焊缝宽度 C/mm		焊缝余高 h/mm
		最小值 C_{min}	最大值 C_{max}	
埋弧焊	I 形焊缝	$b+8$	$b+28$	0～3
	非 I 形焊缝	$g+4$	$g+14$	
焊条电弧焊及气体保护焊	I 形焊缝	$b+4$	$b+8$	平焊：0～3 其余：0～4
	非 I 形焊缝	$g+4$	$g+8$	

注：b 为实际装配值；g 为装配后坡口面处的最大间隙。

表 2-2　焊缝边缘直线度

焊接方法	焊缝边缘直线度 f/mm	测量条件
埋弧焊	≤4	任意 300mm 长度的连续焊缝
焊条电弧焊及气体保护焊	≤3	

表 2-3　　CO_2 气体保护焊角焊缝焊脚尺寸要求

焊缝形式	K_1/mm	δ/mm	K_{min}/mm
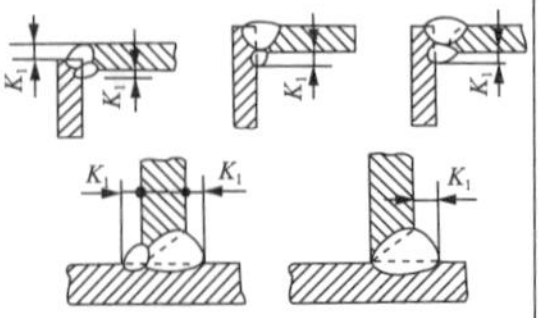	$0.25\delta<K_1\leq10$	5～12	3
		12～25	4
		25～40	6
		40～50	8
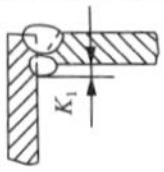	—	3～4.5	2
		4.5～12	3
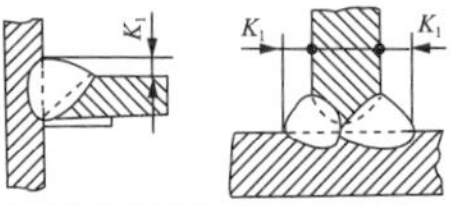	$0.25\delta<K_1\leq10$	—	—

注：δ 为较薄板的厚度。

焊缝的外观检验在一定程度上有利于分析发现内部缺陷。例如，焊缝表面有咬边和焊瘤时，其内部则常常伴随有未焊透；焊缝表面有气孔，则意味着内部可能不致密，有气孔和夹渣等。另外，通过外观检验可以判断焊接工艺是否合理，如电流过小或运条过快，则焊道外表面会隆起和高低不平，电流过大则弧坑过大和咬边严重。多层焊时，要特别重视根部焊道的外观检验，对于有可能发生延迟裂纹的钢材，除焊后检查外，隔一定时间（15～30d）还要进行复查。有再热裂纹倾向的钢材，最终热处理后也必须再次检验。

三、焊缝内在缺陷的检验

焊缝缺陷常用的检验方法有射线检验、超声波探伤、磁粉探伤、渗透探伤和声发射探伤等。射线检验和超声波探伤主要检验焊缝内部的焊接缺陷，磁粉探伤和渗透探伤主要检验焊缝表面或贯穿表面的缺陷，声发射探伤属于动态状况下的焊缝质量检测方法。各种检验方法的特点及适用范围见表 2-4。其中射线检验可采用不同能量的射线，如 X 射线、γ 射线和高能射线等，采用这些射线检验的厚度也不相同，见表 2-5。

表 2-4 各种检验方法的特点及适用范围

检验方法		检验缺陷	可检验焊件厚度	灵敏度	检验条件	适用材料
射线检验	X 射线	内部裂纹、未焊透、气孔及夹渣等	0.1～60mm	能检验尺寸大于焊缝厚度 1%～2%的缺陷	焊接接头表面不需加工，正反两个面都必须是可接近的	适用于一般金属和非金属焊件，不适用于锻件及轧制或拉制的型材
	γ 射线		1.0～150mm	较 X 射线低，一般约为焊缝厚度的 3%		
	高能射线		25～600mm	较 X、γ 射线高，一般可达到小于焊缝厚度的 1%		
超声波探伤		内部裂纹、未焊透、气孔及夹渣等	焊接厚度上几乎不受限制，下限一般为 8～10mm，最小可达 2mm	能检验出直径大于 1mm 的气孔、夹渣；检验裂纹时灵敏度较高，检验表面及近表面的缺陷时灵敏度较低	表面一般需加工至不大于 Ra 6.3μm，以保证同探头有良好的声耦合，但平整面仅有薄氧化层者也可探伤；如采用当浸液或水层耦合法则可检验表面粗糙的工件，可检验钢材厚度甚至可达几米	适用于管材、棒材和锻件焊缝的探伤检验
磁粉探伤		表面及近表面缺陷（如微细裂纹、未焊透及气孔等），被检验表面最好与磁场正交	表面及近表面	与磁场强度大小和磁粉质量有关	工件表面粗糙度小则探伤灵敏度高，如有紧贴的氧化皮或薄层油漆，仍可探伤检验，对工件的形状无严格限制	限于铁磁性材料
渗透探伤		贯穿表面的缺陷（如微细裂纹、气孔等）	表面	缺陷宽度小于 0.01mm、深度小于 0.03～0.04mm 者检验不出	工件表面粗糙度小则探伤灵敏度高，对工件的形状无严格限制，但要求完全去除油污及其他附着物	适用于各种金属和非金属焊件

表 2-5　　不同能量射线检验焊件的厚度

射线种类	能源类别	焊件厚度/mm	射线种类	能源类别	焊件厚度/mm
X射线	50kV	0.1～0.6	高能射线	1MV 静电加速器	25～130
				2MV 静电加速器	25～230
				24MV 电子感应加速器	60～600
	100kV	1.0～5.0	γ射线	镭	60～150
	150kV	≤25		钴	60～150
	250kV	≤60		铱 192	1.0～65

实际应用中，由于焊接结构使用的环境、条件不同，对质量的要求也不一样，焊缝检验所需要的方法及所要求达到的质量等级也不同。常用焊接结构的检验方法及焊缝质量等级见表 2-6。

表 2-6　　常用焊接结构的检验方法及焊缝质量等级

焊接结构类型	实例				焊缝质量等级
	名称	工件条件	接头形式	检验方法	
核容器、航空航天器件、化工设备中的重要构件	核工业用储运六氟化铀、三氟化氯、氟化氢等容器	工作压力：40Pa～1.6MPa 工作温度：196～200℃	对接	外观检验、射线探伤、液压试验、气压试验或气密性试验、真空密封性试验	Ⅰ级
锅炉、压力容器、球罐、化工机械、采油平台、潜水器起重机等	钢制球形储罐	工作压力≤4MPa	对接、角接	外观检验、射线或超声波探伤、磁粉或渗透探伤、液压试验、气压试验或气密性试验	Ⅱ级
船体、公路钢桥、液化气钢瓶等	海洋船壳体	—	对接、角接	外观检验、射线或超声波探伤、致密性试验	Ⅲ级
一般不重要结构	钢制门窗	—	对接、角接、搭接	外观检验	Ⅳ级

四、焊接成品的密封性检验

锅炉、压力容器、管道及储罐等焊接结构件焊完后，要求对焊缝进行致密性检验。检验方法有煤油试验、水压试验、气压试验等。

(1) 煤油试验。煤油试验适用于敞开的容器和储存液体的储器，以及同类其他产品的密封性检验。试验时在便于观察和焊补的一面，涂以白垩粉，待干，然后在焊缝另一面涂以煤油，试验过程中涂 2～3 次，持续 15min～3h。涂油后立即开始观察白垩粉一侧，如在规定时间内焊缝表面未出现油斑和油带，即定为合格。碳钢和低合金钢做煤油试验所需时间推荐值见表 2-7。

表 2-7　碳钢和低合金钢做煤油试验所需时间推荐值

板厚/mm	时间/min	备注
≥5	20	当煤油渗漏为其他位置时，煤油作用时间可适当增加
5～10	35	
10～15	45	
>15	60	

(2) 耐压试验。焊接容器的耐压检验法有水压试验和气压试验。水压试验是以水为介质进行压力试验。水压试验可用于容器的密封性检验和强度试验。

当对管道进行水压试验时，宜用阀门将管道分成几段，依次进行试验。为了检查强度，试验压力比工作压力大几倍或相当于材料屈服极限的压力值。试验时应注意观察应变仪，防止超过屈服点。试验后的焊接试件必须经过退火处理，以消除因试验而引起的残余压力，然后依次进行试验。

气压试验一般用于低压容器和管道检验，气压试验比水压更为灵敏和迅速。由于试验后产品不用排水处理，因此气压试验特别适用于排水困难的容器和管道。气压试验的危险性比水压试验大。水压和气压试验方法及要求见表 2-8。

表 2-8　　　　水压和气压试验方法及要求

试验方法	试验要求	结果分析与判定
水压试验	用水泵加压试验： ①待容器内灌满水，堵塞容器上的所有孔； ②根据技术条件规定，试验压力为工作压力的 1.5 倍； ③一般在无损探伤和热处理后进行试压； ④加压后距焊缝 20mm 处，用小铁锤轻轻锤击	在试验压力下保持 5min 后，检查容器的每条焊缝是否有渗水现象，如无渗水表明合格
气压试验	①气压试验用于低压容器和管道的检验； ②试验要在隔离场所进行； ③在输气管道上要设置一个储气罐，储气罐的气体出入口均装有气阀，以保证进气稳定；在产品入口端管道上需安装安全阀、工作压力计和监控压力计； ④所用气体应是干燥、洁净的空气、氮气或其他惰性气体，气温不低于 15℃； ⑤当试验压力达到规定值(一般为产品工作压力的 1.25～1.5 倍)时，关闭气阀门，停止加压； ⑥施压下的产品不得敲击、振动和修补焊接缺陷； ⑦低温试验时，要采取防冰冻措施	停止加压后，涂肥皂水检漏或检验工作压力表数值变化，如没有发现漏气或压力表数值稳定，则为合格

知识链接

★焊接成型的钢管应进行焊缝探伤检查和水压试验。试验压力值不应小于1.25倍正常工作情况最高内水压力，也不得小于特殊工况的最高内水压力。

——《水利工程建设标准强制性条文》(2016年版)

第二节　焊接接头的无损检验

一、射线检验(RT)

射线检验是利用射线可穿透物质和在物质中具有衰减

的特性发现缺陷的检验方法。根据所用射线种类，可分为X射线、γ射线和高能射线检验。根据显示缺陷的方法，又分为电离法、荧光屏观察法、照相法和工业电视法。但目前应用较多、灵敏度高、能识别小缺陷的理想方法是照相法。

1. 射线检验的操作步骤

射线照相检验焊接产品的主要操作步骤如下：

(1) 确定产品检查的要求。对工艺性稳定的批量产品，根据其重要性可以抽查5%、10%、20%、40%，抽查焊缝位置应在可能或经常出现缺陷的位置、危险断面与应力集中部位。对制造工艺不稳定而且重要的产品，应对所有焊缝做100%的检查。

(2) 照相胶片的选用。射线检验用胶片要求反差高，清晰度高。胶片按银盐颗粒度由小到大的顺序，分为Ⅰ、Ⅱ、Ⅲ三种。若要缩短曝光时间，则需提高射线透照的底片质量，使用号数较小的胶片。胶片一般要求放在湿度不超过8%、温度为17℃的干燥箱内，避免受潮、受热和受压，同时要防止氨、硫化氢和酸等腐蚀气体的损害。

(3) 增感屏的选用。使用增感屏，可以减少曝光时间，提高检验速度，焊缝检验中常用金属增感屏，增感屏的要求厚度均匀，杂质少，增感效果好；表面平整光滑，无划伤、褶皱及污物；有一定的刚性，不易损伤。金属增感屏有前后屏之分，前屏较薄，后屏较厚。金属增感屏的选用见表2-9。

表2-9　　金属增感屏的选用

射线种类	增感屏材料	前屏厚度/mm	后屏厚度/mm
<120kV	铅	—	≥0.10
120～125kV	铅	0.025～0.125	≥0.10
250～500kV	铅	0.05～0.16	≥0.10
1～3MeV	铅	1.00～1.60	1.00～1.60
3～8MeV	铅、铜	1.00～1.60	1.00～1.60
8～35MeV	铅、钨	1.00～1.60	1.00～1.60
Ir192	铅	0.05～0.16	≥0.16
Co60	铅、铜、钢	0.50～2.00	0.25～1.00

(4) 像质计的选用。像质计是用来检查透照技术和胶片处理质量的。像质计的选用应按照透照厚度和像质级别所需要达到的像质指数选用规定系列的像质计,见表 2-10。

表 2-10　　　　像质计的选用

要求达到的像质指数	线直径/mm	透照厚度/mm		
		A 级	AB 级	B 级
16	0.100	—	—	≤6
15	0.125	—	≤6	>6～8
14	0.160	≤6	>6～8	>8～10
13	0.200	>6～8	>8～12	>10～16
12	0.250	>8～10	>12～16	>16～25
11	0.320	>10～16	>16～20	>25～32
10	0.400	>16～25	>20～25	>32～40
9	0.500	>25～32	>25～32	>40～50
8	0.630	>32～40	>32～50	>50～80
7	0.800	>40～60	>50～80	>80～150
6	1.000	>60～80	>80～120	>150～200
5	1.250	>80～150	>120～150	—
4	1.600	>150～170	>150～200	—
3	2.000	>170～180	—	—
2	2.500	>180～190	—	—
1	3.200	>190～200	—	—

(5) 焦点和焦距的选用。γ射线的焦点是指射线源的大小,X 射线探伤所指的焦点是指 X 光管内阳极靶上发出的 X 射线范围。随着 X 光管阳极结构的不同,其焦点有方形及圆形两大类。减小焦点尺寸,增加焦点至工件缺陷的距离和减少底片至工件缺陷的距离,可以提高影像的清晰度。焦距是指焦点到暗盒之间的距离。在选定射线源后,改变焦距便能提高清晰度。通常采用的焦距为 400～700mm。

(6) 底片上缺陷的识别。在曝光工艺和暗室处理都正确选择的条件下,射线拍摄的照片上便能够正确反映接头的内部缺陷,如裂纹、气孔、夹渣、未熔合和未焊透等,从而对缺陷性质、大小、数量及位置进行识别。常见焊接缺陷的影像特征见表2-11。

表2-11　　常见焊接缺陷的影像特征

缺陷种类	缺陷影像特征
气孔	多数为圆形、椭圆形黑点，其中心处黑度较大，也有针状、柱状气孔；其分布情况不一，有密集的、单个和链状的
夹渣	形状不规则，有点、条块等，黑度不均匀；一般条状夹渣都与焊缝平行，或与未焊透、未熔合混合出现
未焊透	在底片上呈现规则的，甚至直线状的黑色线条，常伴有气孔或夹渣；在V、X形坡口的焊缝中，根部未焊透出现在焊缝中间，K形坡口则偏离焊缝中心
未熔合	坡口未熔合影像一般一侧平直，另一侧有弯曲，黑度淡而均匀，时常伴有夹渣；层间未熔合影像不规则，且不易分辨
裂纹	一般呈直线或略有锯齿状的细纹，轮廓分明，两端尖细，中部稍宽，有时呈现树枝状影像
夹钨	在底片上呈现圆形或不规则的亮斑点，且轮廓清晰

2. 检验结果评定

根据《金属熔化焊焊接接头射线照相》(GB/T 3323—2005)，焊接缺陷评定分为Ⅰ、Ⅱ、Ⅲ、Ⅳ级。其中焊缝内无裂纹、未熔合、未焊透和条状缺陷为Ⅰ级；焊缝内无裂纹、未熔合和未焊透为Ⅱ级；焊缝内无裂纹、未熔合以及双面焊和加垫板的单面焊中的未焊透为Ⅲ级，不加垫板的单面焊中的未焊透允许长度按条形缺陷的Ⅲ级评定；焊缝缺陷超过Ⅲ级者为Ⅳ级。

长宽比小于或等于3的缺陷定义为圆形缺陷。圆形缺陷的评定区域尺寸及等效点数见表2-12。圆形缺陷的分级见表2-13。长宽比大于3的气孔、夹渣和夹钨定义为条形缺陷。条形缺陷的分级见表2-14，当焊缝长度不足12δ（Ⅱ级）或6δ(Ⅲ级)时，条状缺陷群总长可按比例折算，如折算的条状缺陷长度小于单个条状缺陷长度时，按单个条状缺陷允许值评级。在圆形缺陷评定区域内，同时存在圆形缺陷和条形缺陷(或未焊透、根部内凹和根部咬边)时，应各自评级，两种缺陷所评级别之和减 1(或三种缺陷所评级别之和减 2)作为最终级别。

表 2-12　　圆形缺陷的评定区域尺寸及等效点数

母材厚度 δ/mm	≤25		25～100			>100	
评定区域尺寸/mm	10×10		10×20			10×30	
圆形缺陷的等效点数							
缺陷长径/mm	≤1	1～2	2～3	3～4	4～6	6～8	>8
点数	1	2	3	6	10	15	25
不计点数的圆形缺陷尺寸							
母材厚度 δ/mm	≤25		25～50			>50	
缺陷长径/mm	≤0.5		≤0.7			≤1.4%δ	

表 2-13　　圆形缺陷的分级

评定区域/mm			10×10		10×20		10×30	
母材厚度 δ/mm			≤10	10～15	15～25	25～50	50～100	>100
质量等级	Ⅰ	允许缺陷点数的上限值	1	2	3	4	5	6
	Ⅱ		3	6	9	12	15	18
	Ⅲ		6	12	18	24	30	36
	Ⅳ		点数超出Ⅲ级者					

注：当圆形缺陷长径大于 $\delta/2$ 时，评定为Ⅳ级。评定区域应选在缺陷最严重的部位。

表 2-14　　条形缺陷的分级

质量等级	母材厚度 δ/mm	单个条形缺陷的长度/mm	条形缺陷的总长度/mm
Ⅱ	$\delta\leq12$	4	在平行于焊缝轴线的任意直线上，相邻两缺陷间距均不超过 $6L$ 的任一组缺陷，其累计长度在 12δ 焊缝长度内不超过 δ
	$12<\delta<60$	$\delta/3$	
	$\delta\geq60$	20	
Ⅲ	$\delta\leq9$	6	在平行于焊缝轴线的任意直线上，相邻两缺陷间距不超过 $3L$ 的任一组缺陷，其累计长度在 6δ 焊缝长度内不超过 δ
	$9<\delta<45$	$2\delta/3$	
	$\delta\geq45$	30	
Ⅳ	大于Ⅲ级者		

注：表中 L 为该组缺陷中最长者的长度。

3. 安全防护

由于射线对人体是有危害的，尤其是长期接受高剂量射线照射后，人体组织会受到一定程度的生理损伤而引起病变。因此，射线检验时一定要注意采取安全防护措施。

(1) 屏蔽防护是指在人与射线源之间设置一定厚度的防护材料。当射线贯穿防护材料时，其透过射线强度减弱而引起剂量水平的下降，当降低到人体的最高允许剂量以下时，人身安全就得到保证。屏蔽材料应根据放射源的能量、材料的防护性能以及有关的防护标准规定进行选择。

(2) 距离防护是指采用远距离操作的方法达到防护的目的。距离射线源越近，射线强度越大；距离越远，射线强度越弱。因此，对于某一射线源，通过对照射场各个方位的实际测量，得出该检验场所的安全距离。在安全距离之外操作可以避免发生射线伤害。

(3) 时间防护是指控制操作人员与射线的接触时间。时间防护法要求操作者在一天之中某一段时间内受到的剂量达到最高允许剂量值时，应立即停止工作，剩余工作由另一操作者进行。时间防护只有在既无任何屏蔽遮挡，又必须在离射线源很近的地方操作时采用。

二、超声检验(UT)

超声检验也称超声波探伤，是利用超声波探测焊接接头表面和内部缺陷的检测方法。探伤时常用脉冲反射法超声波探伤。它是利用焊缝中的缺陷与正常组织具有不同的声阻抗和声波在不同声阻抗的异质界面上会产生反射的原理来发现缺陷的。探伤过程中，由探头中的压电换能器发射脉冲超声波，通过声耦合介质(水、油、甘油或浆糊等)传播到焊件中，遇到缺陷后产生反射波，经换能器转换成电信号，放大后显示在荧光屏上或打印在纸带上。根据探头位置和声波的传播时间(在荧光屏上回波位置)可找出缺陷位置，观察反射波的波幅，可近似评估缺陷的大小。

1. 探伤装置的选用

(1) 探伤仪。超声波探伤仪的作用是产生电振荡并激励探头发射超声波，同时将探头送回的电信号进行放大，通过一定的方式显示出来，从而判断被探工件内部有无缺陷以及获得缺陷位置和大小等信息。按缺陷显示方式有A型、B型和C型探伤仪。目前在工业探伤中应用最广泛的是A型脉冲反射式超声波探伤仪。

超声波探伤仪通常是根据工件的结构形状、加工工艺和技术要求来选择，具体原则如下：

1）对定位要求较高时，应选用水平线性误差小的探伤仪；

2）对定量要求较高时，应选用垂直线性好、衰减器精度高的探伤仪；

3）对大型工件探伤选用灵敏度余量高、信噪比高、功率大的探伤仪；

4）为有效发现表面缺陷和区分相邻缺陷，应选择盲区小、分辨力好的探伤仪；

5）在生产现场进行产品探伤，则需要选用质量小、荧光屏亮度好、抗干扰能力强的携带式探伤仪。

（2）探头。探头在超声波探伤中起着将电能转化为超声能（发射超声波）和将超声能转换为电能（接受超声波）的作用。探头的形式有很多种，根据在被探材料中传播的波形可以分为直立的纵波探头（简称直探头）和斜角的横波、表面波、板波探头（简称斜探头）；根据探头与被探材料的耦合方式可以分为直接接触式探头和液浸探头；根据工作的频谱，探头可以分为宽频谱的脉冲波探头和窄频谱的连续波探头。

探头应根据工件可能产生缺陷的部位及方向、工件的几何形状和探测面情况进行选择。焊缝通常选用斜探头横波探伤；对于锻件、中厚钢板，应采用纵波直探头直接接触法进行探测，使声束尽量与缺陷反射面垂直；管材、棒材一般采用液浸聚焦探头进行探测；薄板（厚度小于6mm）的探伤则多选用板波斜探头；平行于探测面的近表面缺陷宜选用分割式双探头进行检测。

探头圆晶片尺寸一般为ϕ10～20mm。工件探伤面积较大时或探测厚度较大时，宜选用大晶片探头；探测小型工件时，为了提高缺陷定位和定量精度，宜选用大晶片探头；工件探伤表面不平整、曲率较大时，为了减小耦合损失，宜选用小晶片探头。

(3) 试块。试块分为标准试块和对比试块。标准试块的形状、尺寸和材质由权威机构统一规定，主要用于测试和校验探伤仪和探头性能，也可用于调整探测范围和确定探伤灵敏度。对比试块主要用于调整探测范围，确定探伤灵敏度和评价缺陷大小，它是对工件进行评价和判废的依据。

2. 超声波探伤的操作步骤

焊缝超声探伤一般安排两人同时工作，由于超声检验通常要当即给出检验结果，因此至少应有一名Ⅱ级探伤人员担任主探。探伤人员应在探伤前了解工件和焊接工艺情况，以便根据材质和工艺特征，预先清楚可能出现的缺陷及分布规律。同时，向焊接操作人员了解在焊接过程中偶然出现的一些问题及修补等详细情况，可有助于对可疑信号的分析和判断。

(1) 工件准备。主要包括探伤面的选择、表面准备和探头移动区的确定等。探伤面应根据检验等级选择。超声波检测等级分为A、B、C、D四级，从检测等级A到检测等级C，增加检测覆盖范围(如增加扫查次数和探头移动区等)，提高缺欠检出率；检测等级D适用于特殊应用。根据实际的焊缝条件或可检性，应制定书面检测工艺规程，以满足《焊缝无损检测 超声检测技术、检测等级和评定》(GB/T 11345—2013)标准的通用要求和检测等级规定要求。通常，检测等级与焊缝质量等级有关。相应检测等级可由标准、产品标准或其他文件规定。针对各种接头类型，GB/T 11345—2013标准给出了检测等级A到C的规定要求。探头移动区的表面应平滑，无飞溅、铁屑、油垢及其他外部杂质。探头的移动区表面的不平整度，不应引起探头和工件的接触间隙超过0.5mm。

(2) 探伤频率选择。超声波探伤频率一般在0.5～10MHz。探伤频率高、灵敏度和分辨力高、指向性好，可以有利于探伤。但如果探伤频率过高,近场区长度大,衰减大,则对探伤造成不利影响。因此,探伤频率的选择应在保证灵敏度的前提下,尽可能选用较低的频率。对于晶粒较细的锻件、轧制型材、板材和焊件等,一般选用较高的频率,常用2.5~5.0MHz;对于晶粒较粗的铸件、奥氏体钢等,宜选用较低的频率,常用0.5~2.5MHz。

(3)仪器调节。仪器调节主要有两项内容:一是探伤范围的调节,探伤范围的选择以尽量扩大示波屏视野为原则,一般受检工件最大探测距离的反射信号位置应不小于刻度范围的2/3;二是灵敏度的调整,为了扫查需要,探伤灵敏度要高于起始灵敏度,一般应提高6~12dB。调节灵敏度的常用方法有试块调节法和工件底波调节法。试块调节法是根据工件对灵敏度的要求,选择相应的试块,通过调整探伤仪有关控制灵敏度的旋钮,把试块上人工缺陷的反射波调到规定的高度。工件底波调节法,是以被检工件底面的反射波为基准来调整灵敏度。

(4)修正操作。修正操作是指因校准试样与工件表面状态不一致或材质不同而造成耦合损耗差异或衰减损失。为了给予补偿,要找出差异而采取的一些实际测量步骤。

(5)粗探伤和精探伤。粗探伤以发现缺陷为主要目的。主要包括纵向缺陷的探测,横向缺陷的探测,其他取向缺陷的探测以及鉴别结构的假信号等。精探伤主要以发现的缺陷为核心,进一步明确测定缺陷的有关参数(如缺陷的位置、尺寸、形状及取向等),并包含对可疑部位更细致的鉴别工作。

3. 探伤结果评定

超声波探伤结果评定内容包括对缺陷反射波幅的评定、指示长度的评定、密集程度的评定及缺陷性质的评定,然后根据受检焊缝所要求的质量等级给出评定结果。但是,焊缝超声探伤有其特殊性,有些评定项目并不规定等级概念,而往往与验收标准联系在一起,直接给出合格与否的结论。

根据《焊缝无损检测 超声检测技术、检测等级和评定》

(GB/T 11345—2013)中的规定，应评定所有等于或超过评定等级的显示；评定等级按技术1(横孔)、技术2(平底孔)、技术3(矩形槽)和技术4(串列技术)均只有对应的验收等级2和验收等级3两个等级。最终结论为可验收或不可验收。为满足缺陷的检出可采用其他检测技术，如双晶斜探头、爬坡或其他超声检测技术以及增加磁粉、渗透或射线检测等方法以确定缺陷部位、性质和走向。

任何显示的回波幅度虽低于验收等级，但长度(高于评定等级)超过：a) t，8mm≤板厚 t≤15mm时；b) $t/2$ 或15mm，取两者较大值，板厚 t>15mm时，应倾向于做进一步检测，即要求使用其他角度的探头，以及串列检测(若有约定)。最终评定应基于显示的最高回波幅度和所测得的长度。

超过记录的所有单独的可验收显示的累计长度，最终总的评定：对于任意焊缝长度 l_w(当 t<15mm时，l_w=6t；当 t≥15mm时，l_w=100mm)，超过记录等级的所有单独的可验收显示的最大累计长度：a) 相对于验收等级2级，不应大于焊缝长度的20%；b) 相对于验收等级3级，不应大于焊缝长度的30%。这就意味着：在特定的单位焊缝长度内如果缺欠数量过多，即使单独每个都可以验收，也有可能因为缺欠的累计长度超标而不符合验收等级。

三、磁粉检验(MT)

也称磁粉探伤，是利用强磁场中铁磁材料表层缺陷产生的漏磁场吸附磁粉的现象而进行的无损检验方法。对于铁磁材质焊件，表面或近表层出现缺陷时，一旦被强磁化，就会有部分磁力线外溢形成漏磁场，对施加到焊件表面的磁粉产生吸附，显示出缺陷痕迹。根据磁粉痕迹(简称磁痕)来判定缺陷的位置、取向和大小。

磁粉探伤方法可检测铁磁性材料的表面和近表面缺陷。磁粉探伤对表面缺陷灵敏度最高，表面以下的缺陷随深度的增加，灵敏度迅速降低。磁粉探伤方法操作简单，缺陷显现直观，结果可靠，能检测焊接结构表面和近表面的裂纹、折叠、夹层、夹渣、冷隔、白点等缺陷。磁粉探伤适用于施焊前坡

表 2-15 各种磁化方法的特点及应用

磁化方法	优点	缺点	适用工件
通电法	迅速易行;通电处有完整的环状磁场;对于表面和近表面缺陷有较高的灵敏度;简单或复杂的工件通常都可在一次或多次通电后检测完;完整的磁路有助于使材料剩磁特性达到最大值	接触不良时会产生放电火花,对于长工件应分段磁化,不能用长时间通电来完成	实心、较小的铸锻件及机加工工件
	在较短时间内可对大面积表面进行检测	需要专门的直流电源供给大电流	大型铸、锻件
	通过两端接触可使全长被周向磁化	有效磁场限制在外表面,不能用于内表面检测;端部必须有利于导电,并在规定电流下发生过热	管状工件,如管子和空心轴
触头法	通过触头位置的摆放,可使周向磁场指向焊缝区域,使用半波整流电流和干磁粉检测表面和近表面缺陷的灵敏度高,柔性电缆和电流装置可携带到现场	一次只能探测较小面积,接触不好时,会产生电弧火花;使用干磁粉时,工件表面必须干燥	焊缝
	可对全部表面进行探伤,可将环状磁场集中在易于产生缺陷的区域,探伤设备可携带到工件不易搬动处;对不易检测出来的近表面缺陷,使用半波整流和干磁粉法进行检测,灵敏度很高	大面积检测时需要多向通电,时间较长;接触不好可能产生电弧火花;使用干磁粉时工件表面需干燥	大型铸、锻件

续表

磁化方法	优点	缺点	适用工件
中心导体法	工件不能通电，消除了产生电弧的可能性；在导体周围所有表面上均产生环状磁场；理想情况下可使用剩磁法；可将多个环状工件一起进行探伤，以减少用电量	导体尺寸必须满足电流要求的大小；理想情况下，导体应处于孔的中心；大直径工件需要反复磁化	有孔、能让导体通过的复杂工件，如空心圆柱体、齿轮和大型螺母等
	工件不直接通电；可以检测内、外表面；工件的全长都可以周向磁化	对大直径和管壁很厚的工件，外表面的灵敏度比内表面有所下降	管状工件，如管子和空心轴等
	对于检测内表面的缺陷有较好的灵敏度	壁厚大时，外表面的灵敏度比内表面有所下降	大型阀门壳体等
线圈法	所有纵向表面均能被纵向磁化，可以有效地发现横向缺陷	由于线圈位置的改变，需要进行多次通电磁化	长度尺寸为主的工件，如曲轴
	用缠绕电缆可方便获得纵向磁场	由于工件外形的改变，需要进行多次通电磁化	大型铸、锻件或轴类工件
	方便、迅速，可用剩磁法；工件不直接通电；可以对比较复杂的工件进行探伤	工件端部灵敏度因磁场泄磁有所下降；在长径比比较小的工件上，为使端部效应减至最小，需要有快断电电路	各种各样的小型工件
磁轭法	不直接通电，携带方便；只要取向合适，可发现任何位置的缺陷	探伤所需要的时间较长；由于缺陷取向不定，必须有规则地变换磁轭位置	检测大面积表面缺陷
	不直接通电，对表面缺陷灵敏度高；携带方便；干、湿磁粉均可使用；在某些情况下可以通交流电，可作为退磁器	工件几何形状复杂，探伤困难；近表面缺陷的探伤灵敏度不高	需要局部检测的复杂工件

口面的检验、焊接过程中焊道表面检验、焊缝成形表面检验、焊后经热处理和压力试验后的表面检验等。

1. 磁化方法

对工件进行磁化时，应根据各种磁粉探伤设备的特性、工件的磁特性、形状、尺寸、表面状态、缺陷性质等，确定合适的磁场方向和磁场强度，然后选定磁化方法和磁化电流等参数。磁粉探伤时常用的磁化方法有通电法、触头法、中心导体法、线圈法、磁轭法等。各种硫化方法的特点及应用见表 2-15。

2. 磁化设备

磁粉探伤机分为固定式、移动式和携带式三类。进行磁粉探伤时，可根据探伤现场、工件大小和需要发现工件表面缺陷的深浅程度进行选择。为验证被检工件是否达到所要求的探伤灵敏度，应采用灵敏度试片。在灵敏度试片上刻有人工缺陷，能用磁粉显示，显示的磁痕直观，使用简便。用它可以考查磁化方法与参数、磁粉和磁悬液性能、操作方法正确与否等综合指标。灵敏度试片有 A、B、C 三种类型。常用灵敏度试片见表 2-16。

表 2-16　　常用灵敏度试片

型号	厚度/mm	人工缺陷槽深/mm	主要用途
A-15/100	100	15	检查探伤装置、磁粉、磁悬液综合性能及磁场方向、探伤有效范围等
A-30/100	100	30	
A-60/100	100	60	
B	孔径 ϕ1.0	孔深分别为 1、2、3、4 四种	检查探伤装置、磁粉、磁悬液综合性能
C	0.05	0.008	几何尺寸小，可用于狭小部位，作用同 A 型试片

磁粉在探伤过程中的作用是能被缺陷所形成的漏磁场所吸引，堆积成肉眼可见的图像。在磁粉探伤中，磁粉的磁性、粒度、颜色、悬浮性等对工件表面的磁痕显示有很大的影响。磁粉的磁性用磁性称量仪来测定。磁粉的称量值大于 7g 时可以使用。磁粉应有高的导磁性和低的顽磁性。这样

的磁粉对漏磁场有较高的灵敏度，去掉外加磁场时，剩磁又很小。球形磁粉具有很高的流动性和很好的吸附性，狭长、锯齿状的磁粉具有很好的吸附性但流动性差，使用时，两种形状的磁粉应混合使用。磁粉的粒度不低于200目。

3. 操作步骤

磁粉探伤操作包括预处理、磁化、施加磁粉和观察磁痕等。

(1) 预处理。用溶剂等把试件表面的油脂、涂料及铁锈去掉，以免妨碍磁粉附着在缺陷上。用干磁粉时还应使试件表面干燥。组装的部件要将各部件拆开后进行探伤。

(2) 磁化。选定适当的磁化方法和磁化电流值。然后接通电源，对试件进行磁化操作。

(3) 施加磁粉。磁粉是一种磁性很强的微细铁粉(Fe_3O_4和Fe_2O_3)，通常有黑色的Fe_3O_4、红棕色Fe_2O_3和灰白色的纯铁三种。另外还有荧光磁粉，它是一种磁粉上附着一层荧光物质而制成，它在紫外线照射下发出黄绿色或橘红色的荧光。探伤时，根据试样表面颜色及状态等可分别选用，以取得最好的对比度为准则。例如，表面具有金属光泽的工件，选用黑色磁粉或红色磁粉为好；色泽较暗的工件，宜选用白色磁粉，发黑、发蓝的零件及零件内孔、内壁等难以观察的部位，选用荧光磁粉比较合适。

磁粉的喷撒分为干式和湿式两种。干式磁粉的施加是在空气中分散地撒在试件上，而湿式喷撒是将磁粉调匀在水或油中作为磁悬液来使用的。磁悬液有油悬液、水悬液和荧光磁悬液。磁悬液在使用过程中应保持清洁，不允许混有杂物，当磁悬液被污染或浓度不符合要求时，应及时重新配制。常用磁悬液的配方见表2-17。

(4) 观察磁痕。用非荧光磁粉探伤时，在光线明亮的地方，用自然日光和灯光进行观察；用荧光磁粉探伤时，则在暗室等暗处用紫外线灯进行观察。注意不是所有的磁痕都是缺陷，形成磁痕的原因很多，应对磁痕进行分析判断，把假磁痕排除掉，有时还需用其他探伤方法(如渗透探伤法)重新探伤进行验证。

表 2-17 常用磁悬液的配方

<table>
<tr><th>类型</th><th>序号</th><th>材料名称</th><th>比例</th><th>磁粉含量/(g/L)</th></tr>
<tr><td rowspan="4">油悬液</td><td>1</td><td>灯用煤油</td><td>100%</td><td>15～35</td></tr>
<tr><td>2</td><td>灯用煤油
变压器油</td><td>50%
50%</td><td>20～30</td></tr>
<tr><td>3</td><td>变压器油</td><td>100%</td><td>15～35</td></tr>
<tr><td>4</td><td>灯用煤油
10 号机械油</td><td>50%
50%</td><td>15～35</td></tr>
<tr><td rowspan="2">水悬液</td><td>5</td><td>乳化剂 10g,三乙醇胺 5g,亚硝胺 5g,消泡剂 1g,水 1000ml</td><td>—</td><td>1～2g</td></tr>
<tr><td>6</td><td>肥皂 4g,亚硝酸钠 5～15g,水 1000ml</td><td>—</td><td>10～15g</td></tr>
</table>

(5) 探伤结果评定。磁粉探伤是根据磁痕的形状和大小进行评定和质量等级分类的。《焊缝无损检测 焊缝磁粉检测验收等级》(GB/T 26952—2011)根据缺陷磁痕的显示形态,将缺陷的磁痕分为线状显示和非线状显示两种。长度大于 3 倍宽度的显示称为线状显示;长度小于或等于 3 倍宽度的显示称为非线状显示。然后根据缺陷磁痕的显示类型、长度和间距分为 1、2 和 3 共 3 个验收等级。对缺欠所规定的验收等级相当于评定等级,不应考虑低于该水平的显示。通常,可接受的显示不应做记录。焊缝磁粉检验缺陷磁粉显示的验收等级标准见表 2-18。

表 2-18 焊缝磁粉检验缺陷磁粉显示的验收等级标准

<table>
<tr><th rowspan="2">显示类型</th><th colspan="3">验收等级</th></tr>
<tr><th>1</th><th>2</th><th>3</th></tr>
<tr><td>线状显示 (l 为显示长,mm)</td><td>$l \leqslant 1.5$</td><td>$l \leqslant 3$</td><td>$l \leqslant 6$</td></tr>
<tr><td>非线状显示 (d 为显示长,mm)</td><td>$d \leqslant 2$</td><td>$d \leqslant 3$</td><td>$d \leqslant 4$</td></tr>
</table>

注: 1. 验收等级 2 和 3 可规定用一个后缀“X”,表示所检测出的所有线状显示应按 1 级进行评定。但对于小于原验收等级所表示的显示,其可探测性可能偏低;

2. 相邻且间距小于其中较小显示主轴尺寸的显示,应作为单个连续显示评定;

3. 群显示应按应用标准评定。

当出现在同一条焊缝上不同类型或不同性质的缺陷时，可选用不同的等级进行评定，也可选用相同的等级进行评定，评定为不合格的缺陷，在不违背焊接工艺规定的情况下，允许进行返修。返修后的检验和质量评定与返修前相同。

探伤完毕后，根据需要，应对工件进行退磁、除去磁粉和防锈处理。

（6）安全操作规程。磁粉探伤是带电作业，操作时必须穿上绝缘鞋，同时还要注意以下几点：

1）操作前认真检查电气设备、元件及电源导线的接触和绝缘等，确认完好才能操作；

2）室内应保持干燥清洁，连接电线和导电板的螺栓必须牢固可靠；

3）零件在电极头之间必须紧固，夹持或拿下零件时必须停电；

4）充电、充磁时，电源不准超过允许负荷，在进行上述工作或启闭总电源开关时，操作者应站在绝缘垫上；

5）干粉探伤时要戴口罩；

6）荧光磁粉探伤时，应避免紫外线灯直接照射眼睛；

7）防止探伤装置和电缆漏电，避免引起触电事故；

8）浇注油液时，不许抽烟，不许明火靠近；

9)触头或工件表面上由于接触电阻发热会引起烧伤。

四、渗透检验(PT)

也称渗透探伤，是以物理学中液体对固体的润湿能力和毛细现象为基础，先将含有染料且具有高渗透能力的液体渗透剂涂敷到被检工件表面，由于液体的润湿作用和毛细作用，渗透液便渗入表面开口缺陷中，然后去除表面多余渗透剂，再涂一层吸附力很强的显像剂，将缺陷中的渗透剂吸附到工件表面上来，在显像剂上便显像出缺陷的迹痕，观察迹痕，对缺陷进行评定。

渗透探伤作为一种表面缺陷探伤方法，可以应用于金属和非金属材料的探伤，如钢铁材料、有色金属、陶瓷材料和塑料等表面开口缺陷都可以采用渗透探伤进行检验。形状复杂的部件采用一次渗透探伤可做到全面检验。渗透探伤不需要大型的设备，操作简单，尤其适用于现场各种部件表面开口缺陷的检测，如坡口表面、焊缝表面、焊接过程中焊道表面、热处理和压力实验后的表面都可以采用渗透探伤方法进行检验。

1. 渗透探伤方法

渗透探伤方法按渗透剂种类可分为荧光渗透探伤和着色渗透探伤，其中荧光渗透探伤包括水洗型(FA)、后乳化型(FB)和溶剂去除型(FC)荧光渗透探伤；着色渗透探伤也包括水洗型(VA)、后乳化型(VB)和溶剂去除型(VC)着色渗透探伤。按显像方法，渗透探伤可分为干式显像法(C)、湿式显像法(W或S)和无显像剂显像法(A)。各种渗透探伤方法的特点及应用范围见表2-19。

表2-19　各种渗透探伤方法的特点及应用范围

类别		特点和应用范围
荧光法	水洗型荧光	零件表面上多余的荧光渗透液可直接用水清洗掉；在紫外线光源下有明亮的荧光，易于水洗，检查速度快，广泛应用于中、小型零件的批量检查
	后乳化型荧光	零件上的荧光渗透液要用乳化剂乳化处理后，方能用水洗掉；有极明亮的荧光，灵敏度高于其他方法，适用于质量要求高的零件
	溶剂去除型荧光	零件表面多余的荧光渗透液用溶剂清洗，检验成本比较高，一般情况不采用
着色法	水洗型着色	与水洗型荧光相似，不需要紫外线光源
	后乳化型着色	与后乳化型荧光相似，不需要紫外线光源
	溶剂去除型着色	一般装在喷罐内使用，便于携带，广泛用于焊缝，大型工件的局部检查，高空及野外和其他没有水电的场所

渗透探伤方法应根据焊接缺陷的性质、被检验焊件以及被检表面粗糙度等进行选择，见表2-20。

表 2-20　　渗透探伤方法的选择

条件		渗透剂	显像剂
根据缺陷选定	宽深比大的缺陷	后乳化型荧光粉渗透剂	湿式或快干式、缺陷较长也可用干式
	深度在 10μm 以下的缺陷		
	深度在 30μm 左右的缺陷	水洗型、溶剂去除型荧光或着色渗透剂	湿式、快干式、干式（仅适于荧光法）
	深度在 30μm 以上的缺陷		
	密集缺陷及缺陷表面形状的观察	水洗、后乳化型荧光渗透剂	干式显像
按被检工件选择	批量小的工件的探伤	水洗、后乳化型荧光渗透剂	湿式、干式
	少量而不定期的工件		
	大型工件及构件的局部探伤	溶剂去除型荧光或着色渗透剂	快干式显像
根据表面粗糙度选择	螺纹等的根部	水洗型荧光或着色渗透剂	湿式、快干式、干式（仅适于荧光法）
	铸、锻件等粗糙表面（Ra_{max} 为 300μm 左右）		
	机加工表面（Ra_{max} 为 5～100μm）	水洗、溶剂去除型荧光或着色渗透剂	干式（仅适于荧光法）、湿式、快干式显像剂
	打磨、抛光表面（Ra_{max} 为 0.1～6μm）	后乳化型荧光渗透剂	
	焊波及其他较平缓的凸凹表面	水洗、溶剂去除型荧光或着色渗透剂	
根据设备选择	无法得到较暗的条件	水洗、溶剂去除型着色渗透剂	湿式、快干式
	无电源及水源的场合		
	高空作业、携带困难	溶剂去除型着色渗透剂	快干式

2. 基本操作过程

渗透探伤主要包括六个基本操作过程。

（1）预处理。对受检表面及附近 30mm 范围内进行清理，去除表面的熔渣、氧化皮、锈蚀、油污等，再用清洗剂清洗干净，使工件表面充分干燥。

（2）渗透。首先将试件浸渍于渗透液中或者用喷雾器或刷子把渗透液涂在试件表面，并保证足够的渗透时间(一般为15～30min)。如果试件表面有缺陷时，渗透液就渗入缺陷。若对细小的缺陷进行检验，可将焊件预热到40～50℃，然后进行渗透。渗透探伤常用着色渗透剂成分见表2-21，荧光渗透剂见表2-22。

表2-21　渗透探伤常用着色渗透剂成分(体积比)

项目	1号	2号	3号	4号
乳百灵	10%	10%	10%	10%
苯馏分	70%	60%	—	—
170～200℃蒸馏汽油	20%	—	20%	30%
丙酮	—	—	50%	30%
苯甲酸甲酯	—	—	20%	20%
变压器油	—	—	—	10%
170～200℃蒸馏汽油	—	30%	—	—
蜡红	20g/L	20g/L	—	100g/L
玫瑰红	—	—	80g/L	—

表2-22　渗透探伤常用荧光渗透剂

	基本物质	活化剂	发光颜色	最大发光波长/nm	激发光波长/nm
固体渗透剂	CaS	Mn	绿色	510	420
	CaS	Ni	红色	780	420
	CaS	Ni	蓝色	475	420
	ZnS	Mn	黄绿色	555	420
	ZnS	Cu	蓝绿色	535	420
液体渗透剂	配方(体积比)			发光颜色	发光波长/nm
	25%石油+25%航空油+50%煤油			天蓝色	460
	变压器油与煤油成1∶2混合后加5%鱼油			鲜明天蓝色	50
	变压器油与煤油成1∶2混合后加5%鱼油和0.11%的蒽油			玫瑰色	600
	苯甲酸甲酯70%+甲苯、丙酮、正已烷10%混合后加增白3%(重量)			乳白色	—

(3) 乳化。使用乳化型渗透剂时，在渗透后清洗前用浸浴、刷涂方法将乳化剂涂在受检表面。乳化剂的停留时间根据受检表面的粗糙度确定，一般为 1～5min。常用乳化剂配方见表 2-23。

表 2-23　　常用乳化剂配方

编号	成分	比例	备注
1	乳化剂 工业乙醇 工业丙酮	50% 40% 10%	—
2	乳化剂 油酸 丙酮	60% 5% 35%	必须配用 50～60℃热水冲洗
3	乳化剂 工业乙醇	120g/100ml 100%	加热互溶成膏状物即可使用

(4) 清洗。待渗透液充分地渗透到缺陷内之后，用水或清洗剂把试件表面的渗透液洗掉。所用清洗剂有水、乳化剂及有机溶剂，如酒精和丙酮等。

(5) 显像。把显像剂喷洒或涂敷在试件表面上，使残留在缺陷中的渗透液吸出，表面上形成放大的黄绿色荧光或红色的显示痕迹。渗透探伤所用显像剂见表 2-24。

表 2-24　　渗透探伤所用显像剂

类型	成分
干式显像剂	氧化锌、氧化钛、高岭土粉末
湿式显像剂	氧化锌、氧化钛、高岭土粉末和火棉胶
快干式显像剂	粉末加挥发性有机溶剂

(6) 观察。对着色法用肉眼直接观察，对细小缺陷可借助 3～10 倍放大镜观察，对荧光法，则借助紫外线光源的照射，使荧光物发光后才能观察。荧光渗透液的显示痕迹在紫外线照射下呈黄绿色，着色渗透液的显示痕迹在自然光下呈红色。

3. 结果评定

渗透探伤是根据缺陷显示迹痕的形状和大小进行评定和质量等级分类的。《焊缝无损检测 焊缝渗透检测验收等级》(GB/T 26953—2011)根据缺陷迹痕的显示形态,将缺陷的迹痕分为线状显示和非线状显示两种。长度大于3倍宽度的显示称为线状显示;长度小于或等于3倍宽度的显示称为非线状显示。然后根据缺陷迹痕的显示类型、长度和间距分为1、2和3共3个验收等级。对缺欠所规定的验收等级相当于评定等级,不应考虑低于该水平的显示。通常,可接受的显示不应做记录。焊缝渗透检验缺陷迹痕显示的验收等级标准同表2-18。

当在同一条焊缝上出现不同类型或不同性质的缺陷时,可选用不同的等级进行评定,评定为不合格缺陷,在不违背焊接工艺规定的情况下,允许进行返修,返修后的检验和质量评定与返修前相同。

第三章

水工金属结构防腐蚀

在水工金属结构防腐蚀设计时,合理地选择防腐蚀方案是很重要的,它关系到结构的使用寿命、维修周期及工程造价。但最优的防腐蚀措施,往往需要较高的成本,这就需要通过技术经济论证选定合理的方案。

等效防腐是水工金属结构各个部位应具有相同的防护年限。根据等效防腐的原则设计人员除考虑水工金属结构的强度和功能外,还应照顾到防腐蚀工艺性需要:

(1) 结构设计时,应尽可能避免采用容易积水的结构形式,否则应在适当的地方开排水孔。对难于进行内部防腐施工的箱形梁等结构,应尽可能采用封闭腔体形式。

(2) 既不能满足防腐工艺要求又不能采用封闭腔体的部位,应加大钢材的腐蚀裕量。

(3) 结构设计时,应尽量避免异种金属接触形成电偶腐蚀现象,绝对不能出现大阴极小阳极的情况。

(4) 选用不锈钢或不锈钢复合板时,应考虑焊接对热影响区的金相组织和电化学性能影响,否则容易出现点蚀、晶间腐蚀等现象。

(5) 高强螺栓连接面在表面预处理质量合格后,宜覆盖40μm 的热喷锌或无机富锌层。普通螺栓连接面在表面预处理质量合格后可涂环氧富锌、无机富锌或环氧云铁中间漆一道,厚度 40μm。

(6) 止水压板应与闸门迎水面的防腐要求相同,紧固件应采取必要的防腐蚀措施,如采用达克罗或镀锌处理等。

(7) 长年不接触水的表孔闸门背水面等腐蚀较轻的部位,可以在设计时适当降低涂层厚度要求。

第一节　表面预处理施工

防腐蚀涂层的有效寿命与各种因素有关，如涂装前钢材表面的预处理质量、涂膜厚度、涂料种类及涂装的工艺条件等。表 3-1 列出了上述因素对涂膜寿命影响的统计分析结果。

对于金属热喷涂，影响涂层与基底结合力的诸因素中，基体表面预处理质量的重要性更为显著。可见，决定水工金属结构防腐蚀寿命的最主要因素是表面预处理质量。

表 3-1　各种因素对涂膜寿命的影响

因素	影响程度	因素	影响程度
表面处理质量	49.5	涂料种类	4.9
涂膜厚度	19.1	其他因素	26.5

一、工作环境

表面预处理过程中，工作环境的空气相对湿度应低于85%或基体金属表面温度不低于露点以上3℃。在不利的气候条件下，应采取遮盖、采暖或输入净化干燥的空气等措施，以满足对工作环境的要求。

在不同空气温度 t 和相对湿度 ϕ 下的露点值 t_d 可按式(3-1)计算（当 $t \geqslant 0$℃时有效），部分空气温度 t 和相对湿度 ϕ 下的露点值可按表 3-2 取值。也可使用精度优于 0.5℃的露点计算器计算。

$$t_d = 234.175 \times \frac{(234.175 + t)(\ln 0.01 + \ln\phi) + 17.08085t}{234.175 \times 17.08085 - (234.175 + t)(\ln 0.01 + \ln\phi)} \tag{3-1}$$

式中：t_d——露点值，℃；

t——空气温度，℃；

ϕ——相对湿度，%。

表 3-2　　　　露点计算值

相对湿度 ϕ	空气温度 t/℃									
	0	5	10	15	20	25	30	35	40	45
95%	−0.7	4.3	9.2	14.2	19.2	24.1	29.1	34.1	39.0	44.0
90%	−1.4	3.5	8.4	13.4	18.3	23.2	28.2	33.1	38.0	43.0
85%	−2.2	2.7	7.6	12.5	17.4	22.3	27.2	32.1	37.0	41.9
80%	−3.0	1.9	6.7	11.6	16.4	21.3	26.2	31.0	35.9	40.7
75%	−3.9	1.0	5.8	10.6	15.4	20.3	25.1	29.9	34.7	39.5
70%	−4.8	0.0	4.8	9.6	14.4	19.1	23.9	28.7	33.5	38.2
65%	−5.8	−1.0	3.7	8.5	13.2	18.0	22.7	27.4	32.1	36.9
60%	−6.8	−2.1	2.6	7.3	12.0	16.7	21.4	26.1	30.7	35.4
55%	−7.9	−3.3	1.4	6.1	10.7	15.3	20.0	24.6	29.2	33.8
50%	−9.1	−4.5	0.1	4.7	9.3	13.9	18.4	23.0	27.6	32.1
45%	−10.5	−5.9	−1.3	3.2	7.7	12.3	16.8	21.3	25.8	30.3
40%	−11.9	−7.4	−2.9	1.5	6.0	10.5	14.9	19.4	23.8	28.2
35%	−13.6	−9.1	−4.7	−0.3	4.1	8.5	12.9	17.2	21.6	25.9

二、表面清理

金属结构在进行喷(抛)射清理除锈之前,应清除焊渣、飞溅、毛刺等附着物。并应用砂轮机对锐利的切割边缘进行处理,然后按下列方法之一清洗结构表面可见的油脂及其他污物:

(1) 采用溶剂清洗,如使用汽油等溶剂擦洗表面,溶剂和抹布应经常更换。

(2) 采用碱性清洗剂清洗,如用氢氧化钠、碳酸钠、磷酸三钠和钠的硅酸盐等配比混合溶液进行擦洗或喷射清洗,清洗后应用洁净淡水冲洗 2～3 遍,并应做干燥处理。

(3) 采用乳液清洗,用乳化液和湿润剂配制的乳化清洗液进行清洗,清洗后应用洁净淡水冲洗 2～3 遍,并做干燥处理。

三、表面预处理

1. 喷(抛)射清理表面清洁度和粗糙度

表面预处理的清洁度等级越高,其防护效果就越好,但是随着清洁度等级的提高,预处理费用会急剧增加。表 3-3 列出了表面清洁度等级、相对费用和防护效果之间的比较关系。在确定选择清洁度等级时,应从经济技术效果方面来进行综合考虑。

从表 3-3 中可以看出,由 Sa2 级到 Sa3 级,预处理费用增加了 150%,而其防护效果仅增加了 40%,显然清洁度成本的增加与防护的提高不成比例。Sa2 级不能满足热喷涂及一些高性能涂料的要求,Sa3 级在放置过程中很容易发生降级,对涂装间隔时间要求也比较苛刻,除了在某些极恶劣腐蚀环境中使用的钢结构或部分要求较高的金属热喷涂(如喷铝及铝合金)外,较少采用 Sa3 级。而 Sa2.5 级能满足绝大部分金属热喷涂和高性能涂料的涂装要求,且成本相对不高,所以在《水工金属结构防腐蚀规范》(SL105—2007)中采用了 Sa2.5 级。

表 3-3　清洁度等级、相对费用和防护效果比较关系

清洁度等级	相对费用	防护效果	清洁度等级	相对费用	防护效果
Sa1	1	2	Sa2.5	3.5	6.5
Sa2	2+	5	Sa3	5+	7

喷(抛)射清理后,表面粗糙度 Ra 值应为 40～150μm,具体取值可根据涂层类别按表 3-4 选定。

表 3-4　涂层类别与表面粗糙度选择范围的参考关系

(单位:μm)

涂层类别	非厚浆型涂料	厚浆型涂料	超厚浆型涂料	金属热喷涂
表面粗糙度 Ra/μm	40～70	60～100	100～150	60～100

2. 喷(抛)射清理磨料选用

喷(抛)射清理用磨料的选择应根据基体金属的种类、表面原始锈蚀程度、除锈方法和涂层类别来进行。在金属热喷涂中，喷涂颗粒与基体金属表面的机械咬合是涂层与基底结合的主要形式，因此要求表面轮廓呈粗糙的尖角形应使用棱角状磨料。磨料的种类及选用见表 3-5。

表 3-5　　喷(抛)射清理用磨料

磨料分类		磨料选用材料	磨料粒度选择范围	磨料颗粒表面轮廓
金属		铸铁砂、铸钢丸、铸钢砂、钢丝段	0.5～1.5mm	棱角状（粗糙的尖角形）
非金属	天然非金属	橄榄石砂、十字石、石榴石、石英砂	0.5～3.0mm	
	合成非金属	炼铁炉渣、铜精炼渣、氧化铝熔渣等		

河砂不宜选作喷(抛)射清理用磨料，因在工程实践中出现的质量问题较多：一是河砂不可避免地夹杂一些泥土，在喷射处理后容易残留在钢铁粗糙表面，造成涂层和基体结合强度下降，且容易发生锈蚀；二是河砂硬度不够，形成的粗糙度多数情况下不能满足要求。

3. 喷射清理的方法

喷射清理可分为干式和湿式两种方法，相关规定应符合《涂覆涂料前钢材表面处理 表面处理方法 磨料喷射清理》(GB/T 18839.1—2002)的要求。

(1) 干式喷射清理。干式喷射清理所用的压缩空气应经过冷却装置及油水分离器处理，油水分离器应定期清理；喷嘴到基体金属表面的距离宜保持在 100～300mm，喷射方向与基体金属表面法线的夹角应为 15°～30°；处理后应清除表面上的粉尘、碎屑和磨料。

(2) 湿式喷射清理。湿喷砂主要作为干喷砂方法的一个补充，常用于环保要求较高和易燃易爆的场合。湿式喷射清理后，应用洁净的淡水把磨料和其他残渣冲洗掉。水中可含适当的缓蚀剂，缓蚀剂类型分为阳极型、阴极型和混合型，目前使用较多的一种缓蚀剂是亚硝酸钠。当水砂混合物以一定的压力与速度喷射到钢铁表面时，不仅可以得到适合涂料或金属喷涂所要求的表面特性，而且在一定时间内能够使钢铁表面不出现锈蚀。

4. 其他表面预处理方法

手工除锈不能除去附着牢固的氧化皮，动力除锈也无法将蚀孔深处的锈和污物除净，且动力除锈有抛光作用，抛光后的表面会影响涂膜的附着力。因此手工除锈和动力除锈都不适用于对防腐蚀要求较高的水工金属结构表面预处理，只能作为辅助手段用于涂膜的局部修理和无法进行喷射清理的个别场合。涂层缺陷部位可采用手工和动力工具除锈进行局部修理，表面清洁度等级应达到《涂覆涂料前钢材表面处理 表面清洁度的目视评定》(GB/T 8923.1—2011)中规定的St3级。

四、质量评定

(1) 表面清洁度和表面粗糙度的评定，均应在良好的散射日光下或照度相当的人工照明条件下进行。

(2) 清洁度等级评定时，应用《涂覆涂料前钢材表面处理 表面清洁度的目视评定 第1部分：未涂覆过的钢材表面和全面清除原有涂层后的钢材表面的锈蚀等级和处理等级》(GB/T 8923.1—2011)中的照片与被检基体金属和表面进行目视比较，评定方法应按GB/T 8923.1—2011的规定执行。

(3) 表面粗糙度评定应采用比较样块或仪器法按以下要求执行：

1) 采用比较样块按《涂覆涂料前钢材表面处理 喷射清理后的钢材表面粗糙度特性 第2部分：磨料喷射清理后钢材表面粗糙度等级的测定方法比较样块法》(GB/T 13288.2—2011)的规定进行评定。

2) 采用仪器法应按以下要求执行：

①用表面粗糙度仪检测粗糙度时，在40mm的评定长度

范围内测5点，取其算术平均值为此评定点的表面粗糙度值；

②每$10m^2$表面应不少于2个评定点。

五、喷射清理的安全与防护

（1）喷射清理用砂罐的使用应符合国家标准《移动式压力容器安全技术监察规程》（TSGR0005—2011，2017年版）的规定。

（2）在喷射作业时，喷砂工应穿戴防护用具，呼吸用空气应进行净化处理。

（3）干式喷砂应注意防尘和环境保护，必要时应在配有除尘设备的封闭车间内施工。在易燃易爆的环境下宜采用湿喷砂施工。

第二节　涂　料　保　护

一、涂料选择

1. 涂料的构成系统

防腐蚀涂层系统宜由底漆、中间漆和面漆组成。底漆应具备良好的附着力和防锈性能，中间漆应具有屏蔽性能且与底、面漆结合良好，面漆应具有耐候性或耐水性。

构成涂层系统的所有涂料宜由同一涂料制造厂生产；不同厂家的涂料配套使用时，应进行配套试验并证明其性能满足要求。

2. 产品面漆颜色的选择

（1）面漆颜色色标应符合《漆膜颜色标准》（GB/T 3181—2008）的规定，在选择面漆颜色标号时，应结合《漆膜颜色标准样卡》（GSB05-1426—2001）一起确定。

（2）特殊部位的漆膜颜色应按表3-6要求执行。

（3）涂层系统的选择应根据所处环境按以下要求执行：

1）防腐蚀涂层系统和各层涂料之间配套性可参照表3-7。

表 3-6　　特殊部位漆膜颜色

警示部位	转动部件	润滑系统	防险装置	管路
警示部位宜采用黄色和黑色相间的斜道。黄道和黑道的宽度相等，宜为 100mm，也可根据机械的大小和安全标志位置的不同，采用适当的宽度。在较小的面上，每种颜色应不少于两道，斜道宜与水平面成 45°角。警示部位也可采用红白道	对于裸露且未加防护的转动部件，如飞轮、皮带轮、齿轮、行星轮等的轮辐及外露转动轴的端部均应涂红色	润滑系统的油嘴、油杯、油塞、注油孔、压力润滑器等外表面或安装部位均应涂红色	防险装置的按钮、紧急信号指示器、安全标志等表面应涂红色	各种管路漆膜应分别涂以下颜色：压力管路涂红色；回油管路涂黄色；空气管路涂浅蓝色；蒸汽管路涂棕红色；高压水管涂红色；一般水管涂绿色；氧气管路涂红色；电线管路涂灰色

表 3-7　　涂料配套性参考表

涂于上层的涂料 / 涂于下层的涂料	磷化底漆	无机富锌涂料	环氧富锌涂料	环氧云铁涂料	油性防锈涂料	醇酸树脂涂料	酚醛树脂涂料	氯化橡胶涂料	乙烯树脂涂料	环氧树脂涂料	环氧沥青涂料	聚氨酯涂料	氟碳涂料
磷化底漆	×	×	×	△	○	○	○	○	○	△	△	△	×
无机富锌涂料	○	○	○	○	×	×	×	○	○	○	○	○	×
环氧富锌涂料	○	×	○	○	×	×	×	○	○	○	○	○	○
环氧云铁涂料	×	×	×	○	○	○	○	○	○	○	○	○	○
油性防锈涂料	×	×	×	×	○	○	○	×	×	×	×	×	×
醇酸树脂涂料	×	×	×	×	○	○	○	×	×	×	×	×	×
酚醛树脂涂料	×	×	×	×	○	○	○	×	×	×	×	×	×
氯化橡胶类涂料	×	×	×	×	×	○	○	○	×	×	×	×	×
乙烯树脂类涂料	×	×	×	×	×	×	×	×	○	×	×	×	×
环氧树脂涂料	×	×	×	△	×	△	△	△	○	○	△	○	○
环氧沥青涂料	×	×	×	×	×	×	×	△	△	△	○	△	×
聚氨酯涂料	×	×	×	×	×	×	×	×	×	×	×	○	×
氟碳涂料	×	×	×	×	×	×	×	×	×	×	×	×	○

注：○—可；△—要根据条件而定（注意涂覆间隔时间）；×—不可。

2）水上设备及结构应选用有耐候性和耐蚀性良好的涂层系统，可参照表 3-8 选用。

3）处于水位变动区的水工金属结构，应选用具有良好的耐候性和耐干湿交替的防腐蚀涂层系统，可参照表 3-9 选用。

4）处于水下或潮湿状态下的水工金属结构，应选用具有良好的耐水性和耐蚀性的涂层系统，可参照表 3-10 选用。

5）有抗冲耐磨要求的压力钢管、泄洪闸门等金属结构，应选用耐水性和耐磨性良好的涂层系统，可参照表 3-11 选用。

6）引水工程金属结构触水部位的涂料除具备耐水性外，还应符合卫生标准要求，可参照表 3-12 选用。

表 3-8　　水上设备及结构涂料配套参考表

设计使用年限/a	序号	涂层系统	涂料种类	涂层推荐厚度/μm
<5	1	底层	醇酸底漆	70
		面层	醇酸面漆	80
	2	底层	环氧酯底漆	60
		面层	丙烯酸树脂漆或乙烯树脂漆	80
5～10	3	底层	环氧（无机）富锌底漆	60
		中间层	环氧云铁中间漆	80
		面层	氯化橡胶面漆	70
>10	4	底层	环氧（无机）富锌底漆	60
		中间层	环氧云铁中间漆	80
		面层	丙烯酸脂肪族聚氨酯面漆	80
	5	底层	环氧（无机）富锌底漆	60
		中间层	环氧云铁中间漆	80
		面层	氟碳面漆	60

表 3-9　水位变动区(干湿交替)水工金属结构涂料配套参考表

设计使用年限/a	序号	涂层系统	涂料种类	涂层推荐厚度/μm
>10	1	底层	环氧富锌底漆	80
		中间层	环氧云铁中间漆	80
		面层	氯化橡胶面漆	80
	2	底层	环氧富锌底漆	80
		中间层	环氧云铁中间漆	80
		面层	环氧面漆	80
	3	底层	无机富锌底漆	60
		中间层	环氧云铁中间漆	80
		面层	氯化橡胶面漆	80
	4	底层	氯化橡胶铝粉防锈漆	80
		中间层	氯化橡胶铁红防锈漆	60
		面层	氯化橡胶面漆	80

表 3-10　水下(潮湿)水工金属结构涂料配套参考表

设计使用年限/a	序号	涂层系统	涂料种类	涂层推荐厚度/μm
>10	1	底层	环氧富锌底漆	60
		中间层	环氧云铁中间漆	80
		面层	厚浆型环氧沥青面漆	200
	2	底层	无机富锌底漆	60
		中间层	环氧云铁中间漆	80
		面层	厚浆型环氧沥青面漆	200
	3	底层	环氧(无机)富锌底漆	60
		中间层	环氧云铁中间漆	80
		面层	氯化橡胶面漆	80
	4	底层	环氧(无机)富锌底漆	60
		中间层	环氧云铁中间漆	80
		面层	改性耐磨环氧涂料	100
	5	底层	环氧沥青防锈底漆	120
		面层	厚浆型环氧沥青面漆	200

表 3-11　　压力钢管内壁、泄洪闸门涂料配套参考表

设计使用年限/a	序号	涂层系统	涂料种类	涂层推荐厚度/μm
10～15	1	底层	厚浆型环氧沥青防锈底漆	125
		面层	厚浆型环氧沥青面漆	125
15～20	2	底层	超厚浆型环氧沥青防锈底漆	250
		面层	超厚浆型环氧沥青面漆	250
	3	底层	厚浆型环氧沥青防锈底漆	125
		面层	厚浆型环氧沥青玻璃鳞片涂料(或不锈钢鳞片)	400
＞10	4	底层	超厚浆型无溶剂耐磨环氧	400
		面层	超厚浆型无溶剂耐磨环氧	400

表 3-12　　引水工程金属结构涂料配套参考表

设计使用年限/a	序号	涂层系统	涂料种类	涂层推荐厚度/μm
10～20	1	底层	环氧(水性无机)富锌底漆	60
		中间层	环氧云铁中间漆	80
		面层	环氧面漆	120
	2	底层	环氧防锈底漆	80
		面层	厚浆型无溶剂环氧树脂涂料	400
＞20	3	底层	超厚浆型无溶剂耐磨环氧	400
		面层	超厚浆型无溶剂耐磨环氧	400
	4	单层	水泥砂浆	8000～18000

注：本表中所有涂料应具有卫生部门颁发的卫生许可证。

二、涂装施工

1. 涂装环境要求

表面预处理与涂装之间的间隔时间应尽可能缩短。钢铁的临界相对湿度约为60%，在这个湿度条件下，开始缓慢形成铁锈。当相对湿度超过70%时定义为潮湿大气，腐蚀速度会急剧增大，应尽快涂装，不应超过2h；在晴天或湿度不大的条件下，最长应不超过8h。

环境空气相对湿度大于85%或基体金属表面温度低于露点以上3℃，不得进行涂装施工。如涂料说明另有规定时，则应按其要求施工。

涂装作业宜在通风良好的室内进行；如在现场施工，应在清洁的环境中进行，避免未干的涂层被灰尘等污染。

漆膜在固化前应避免雨淋、曝晒、践踏等。

2. 涂装方法

涂装方法一般有刷涂、辊涂、压缩空气喷涂和无气高压喷涂。工程中禁止使辊涂方法施工，因其容易产生针孔和夹杂。

涂装方法应根据涂料的物理性能、施工条件和被涂结构的形状进行选择，焊缝和边角部位宜采用刷涂方法进行第一道施工，其余部位应选用高压无气喷涂或空气喷涂。

在工地焊缝两侧各100～150mm宽度内宜先涂装不影响焊接性能的车间底漆，厚度应为20μm左右。安装后，应按相同技术要求对预留区域重新进行表面预处理及涂装。

涂层系统各层间的涂覆间隔时间应按涂料制造厂的规定执行，如超过其最长间隔时间，则应将前一涂层打毛后再进行涂装，以保证涂层间的结合力。

3. 涂装的安全与防护

(1) 涂漆工艺安全及其通风净化应符合《涂装作业安全规程涂漆工艺安全及其通风净化》(GB 6514—2008)的有关规定。

(2) 在箱形梁等有限空间内进行作业时的安全防护应符合《涂装作业安全规程有限空间作业安全技术要求》(GB 12942—2006)的规定。

三、质量检验

1. 涂膜厚度检测

涂膜固化后应进行干膜厚度测定。85%以上的局部厚度应达到设计厚度，没有达到设计厚度的部位，其最小局部厚度应不低于设计厚度的85%。检测方法如下：

(1) 检测涂膜厚度使用的测厚仪精度应不低于±10%。

(2) 测量前，应在标准块上对仪器进行校准，确认测量精度满足要求。

(3) 测量时，应在 $1dm^2$ 的基准面上做 3 次测量，其中每次测量的位置应相距 25～75mm，应取这 3 次测量值的算术平均值为该基准面的局部厚度。对于涂装前表面粗糙度大于 100μm 的涂膜进行测量时，其局部厚度应为 5 次测量值的算术平均值。

(4) 平整表面上，每 $10m^2$ 至少应测量 3 个局部厚度；结构复杂、面积较小的表面，宜每 $2m^2$ 测一个局部厚度。测量局部厚度时应注意基准面分布的均匀性、代表性。当产品规范或设计有附加要求时，应按产品规范或设计执行。

2. 涂膜附着力检验

涂膜固化后应选用划格法或拉开法进行附着力检验。附着力检验为破坏性实验，宜做抽检或带样试验。涂膜附着力的检验见表 3-13。

表 3-13　涂膜附着力的检验

漆膜厚度/μm		检测方法			
色漆和清漆漆膜的划格试验	≤250	划格法	工具、工艺及技术要求	刀刃	切割用刀具应符合以下要求： ①单刃切割工具的刀刃应为 20°～30°； ②6 个切割刀的多刃切割刀具，刀刃间隔应为 1mm、2mm 或 3mm
				胶带	采用的透明压敏胶带宽应为 25mm，黏着力 (10±1)N/25mm 或商定
				切割图形	切割图形每个方向的切割数应是 6。 每个方向切割的间距应相等，切割的间距应取决于涂层厚度，按以下要求执行： ①涂层厚度 0～60μm，间距 1mm； ②涂层厚度 61～120μm，间距 2mm； ③涂层厚度 121～250μm，间距 3mm
				手工切割	①确认涂层实干的前提下，握住切割刀具，使刀垂直于基体表面，对切割刀具均匀施力，并应采用适宜的间距导向装置，用均匀的切割速率在涂层上形成规定的切割数。所有切割都应划透至底材表面。重复上述操作，再作相同数量的

漆膜厚度/μm		检测方法			
色漆和清漆漆膜的划格试验	≤250	划格法	工具、工艺及技术要求	手工切割	平行切割线，与原先的切割线成90°角相交，以形成网格图形。 ②均匀拉出压敏胶带，除去最前面的一段，然后剪下长约75mm的胶带，把该胶带的中心点放在网格上方，方向应与五组切割线平等，然后用手指把胶带在网格区上方的部位压平，胶带长度应至少超过网格20mm。为了确保胶粘带与涂层接触良好，用手指尖用力蹭胶带。胶带与涂层全面接触时试验结果方为有效。 ③在贴上胶带5min内，拿住胶带悬空的一端，胶带的撕拉部分与粘贴部分成60°夹角，在0.5～1.0s内平稳地撕离胶带
				检测数量	在检查的试件上至少进行3个不同位置的试验。如果3次结果不一致，差值超过一个等级，在3个以上不同位置应重复上述试验。如果试验结果仍不一致，则应报告每个试验结果
				评级	试验结束后应对试验结果评级。在良好的照明条件环境中，应用正常的或校正过的视力，或应经过有关双方商定用目视放大镜仔细检查试验涂层的切割区，应按表3-14进行试验结果评级
				评定	①对于水工金属结构防腐蚀涂装0级、1级为合格。如设计另有规定，则应按设计规定级别判定是否合格。 ②对于多层涂层体系，应报告界面间出现的任何脱落(是涂层之间还是涂层与底材之间)
	＞250	划叉法			在图上划两条夹角为60°(图示：60°)的切割线，应划透至基底，用透明压敏胶带粘牢划口部分，快速撕起胶带，涂层应无剥落
—		拉开法			采用拉开法进行附着力定量测试时，附着力指标可参考表3-15或可由供需双方商定。拉开法可选用拉脱式涂层附着力测试仪，检测方法按仪器说明书的规定进行

3. 厚浆型涂料涂膜针孔的检测

对于厚浆型涂料涂膜，应用针孔仪进行全面检查，发现针孔应及时处理。涂层厚度与针孔仪选用检测电压关系参见表 3-16。

表 3-14　　试验结果分级

分级	说明	发生脱落的十字交叉切割区的表面外观
0	切割边缘完全平滑，无一格脱落	—
1	在切口交叉处有少许涂层脱落，但交叉切割面积受影响不能明显大于 5%	
2	在切口交叉处和/或沿切口边缘有涂层脱落，受影响的交叉切割面积明显大于 5%，但不能明显大于 15%	
3	涂层沿切割边缘部分或全部以大碎片脱落，和/或在格子不同部位上部分或全部剥落，受影响的交叉切割面积明显大于 15%，但不能明显大于 35%	
4	涂层沿切割边缘大碎片脱落，和/或一些方格部分或全部剥落，受影响的交叉切割面积明显大于 35%，但不能明显大于 65%	
5	剥落的程度超过 4 级	

表 3-15　　涂层附着力定量指标　　（单位：MPa）

涂料类别	附着力
环氧类、聚氨酯类、氟碳涂料	≥5.0
氯化橡胶类、丙烯酸树脂、乙烯树脂类、无机富锌类、环氧沥青、醇酸树脂类	≥3.0
酚醛树脂、油性涂料	≥1.5

表 3-16　　涂层厚度与检测电压关系

涂层厚度/μm	100	150	200	250	300	350	400	500	600	800	1000
电压/kV	1.0	1.2	1.5	1.7	2.0	2.2	2.4	2.9	3.3	4.0	4.7

四、埋件的防护

1. 埋件外露部分

埋件外露部分的涂装可参照表 3-9 或表 3-10 选用涂料，并延伸到埋入面 20mm 左右。

2. 埋件埋入部分

埋件与混凝土接触的埋入面可根据存放周期、环境条件决定是否选用水泥浆进行临时防护。

埋件涂装水泥浆部位，其表面预处理清洁度等级宜不低于 GB/T 8923.1—2011 中规定的 Sa2 级；水泥浆厚度宜在 300～800μm，其配方可参考表 3-17 选用。

表 3-17　　水泥浆配方

组分类别	编号	添加剂品名	所占水泥量的百分比	说明
减水剂	Ⅰ	丙烯酸系	0.2%～0.3%	减水率 30%以上
	Ⅱ	萘系	0.5%～1.0%	减水率 15%～25%
	Ⅲ	木质素磺酸盐	0.2%～0.3%	减水率 5%～15%
阻锈剂	Ⅰ	亚硝酸钠	2.0%～3.0%	阳极性适用于碱性环境
	Ⅱ	苯甲酸钠	1.5%～2.0%	阳极性适用于碱性环境
	Ⅲ	碳酸钠	1.5%～2.0%	阴极性适用于酸性环境
速凝剂	Ⅰ	水玻璃	1.5%～2.5%	促进水泥浆快速凝固
早强剂	Ⅰ	三乙醇胺	0.05%	提高水泥浆早期强度

注：1. 各组分类别只选用Ⅰ、Ⅱ或Ⅲ编号中的一种添加剂即可。
2. 0℃以下时可加入防冻剂，湿度较低时可加入养护剂。
3. 水泥浆配方也可选用经工程实践证明效果良好的其他配方。

3. 水泥浆涂层的保养

水泥浆涂装后应及时进行喷水养护。埋入前，水泥浆表面如有锈迹出现或开裂、脱落等现象，将失效的水泥浆予以清除即可。

第三节　金属热喷涂保护

金属热喷涂保护系统包括金属喷涂层和涂料封闭层。金属热喷涂和涂料的复合保护系统应在涂料封闭后涂覆中间漆和面漆。

一、喷涂用金属材料及选择

热喷涂用金属丝应光洁、无锈、无油、无折痕，其直径宜为2.0mm或3.0mm。大气环境中的水工金属结构金属热喷涂材料宜选用铝、铝合金、锌铝合金、锌；淡水环境中金属热喷涂材料宜选用锌、锌铝合金；海水环境中金属热喷涂材料宜选用铝、铝合金、锌铝合金、锌。

金属丝的成分应符合下列要求：

(1) 锌丝中锌的含量应不小于99.99%。

(2) 铝丝中铝的含量应不小于99.5%。

(3) 锌铝合金宜选用Zn-Al15。

二、金属涂层厚度及涂料配套

金属热喷涂复合系统中金属涂层的厚度可参照表3-18选用。

表3-18　金属涂层厚度分类表

所处环境	设计寿命 T/a	涂层类型	最小局部厚度/μm
大气	$T\geqslant20$	热喷涂锌(锌合金)	120
		热喷涂铝(铝合金)	120
	$T\geqslant10$	热喷涂锌(锌合金)	100
		热喷涂铝(铝合金)	100
淡水	$T\geqslant20$	热喷涂锌(锌合金)	160
	$T\geqslant10$	热喷涂锌(锌合金)	120
海水	T≥10	热喷涂铝(铝合金)	160
	T≥10	热喷涂锌(锌铝合金)	200

注：宜选用表中厚度值，也可选用本表中未规定的厚度。

封闭涂料应与金属喷涂相容，黏度较低且具有一定耐蚀性。宜选用环氧封闭涂料，pH＞7的水环境中可选用磷化底漆。中间漆、面漆的品种及厚度应根据使用环境参考表3-7～表3-12选用。

三、热喷涂施工

（1）金属热喷涂施工与表面预处理的间隔时间应尽可能缩短，在潮湿或工业大气等环境条件下，应在2h内喷涂完毕；在晴天或湿度不大的条件下，最长不应超过8h。

（2）热喷涂工艺应按以下要求执行：

1）喷涂用的压缩空气清洁、干燥，压力不应小于0.4MPa。

2）喷嘴与基体表面的距离宜为100～200mm。

3）喷枪应尽可能与基体表面垂直，喷束中心线与基体表面法线之间的夹角最大不应超过45°。

4）相邻喷幅之间应重叠1/3。

5）上下两遍之间的喷枪走向应相互垂直。

（3）金属喷涂检查合格后，应在任何冷凝发生之前进行涂料封闭；涂料封闭宜采用刷涂或高压无气喷涂的方式施工。

（4）在工地焊缝两侧各100～150mm宽度内宜先涂装不影响焊接性能的车间底漆，厚度20μm左右。安装后，应按相同技术要求对预留区域重新进行表面预处理及涂装。

（5）因碰撞等原因造成金属喷涂层局部损伤时应按原施工工艺予以修补。条件不具备时，可用环氧富锌漆修补，然后再涂面漆。

四、金属涂层质量检验

金属涂层外观应均匀一致，没有金属熔融粗颗粒、起皮、鼓泡、裂纹、掉块及其他影响使用的缺陷。

1. 厚度检验

金属涂层厚度检验要求最小局部厚度不应小于设计规定厚度，检测方法如下：

（1）检测厚度使用的测厚仪精度应不低于±10％。

（2）测量前，应在标准块上对仪器进行校准，确认测量精度满足要求。

(3) 当有效表面的面积在 $1m^2$ 以上时,应在一个面积为 $1dm^2$ 的基准面上用测厚仪测量 10 次,取其算术平均值为该基准面的局部厚度,测点分布见图 3-1;当有效面积在 $1m^2$ 以下时,应在一个面积为 $1cm^2$ 的基准面上测量 5 次,取其算术平均值为该基准面的局部厚度,测点分布见图 3-2。

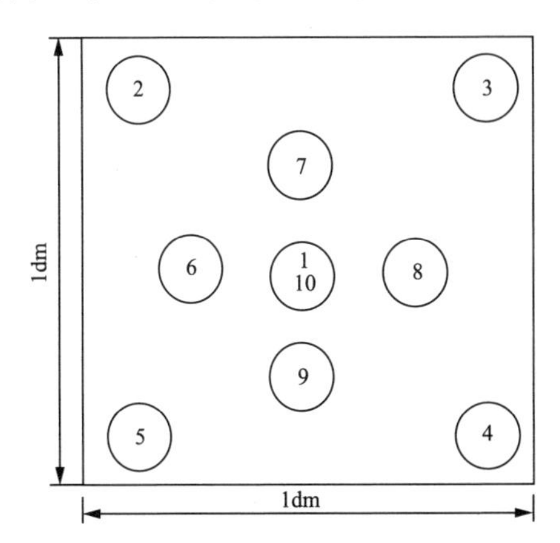

图 3-1　在 $1dm^2$ 基准面内测量点的分布

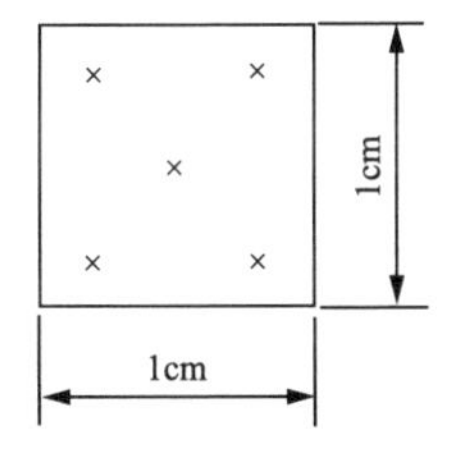

图 3-2　在 $1cm^2$ 基准面内测量点的分布

为了确定涂层的最小厚度,应在涂层厚度可能最薄的部位进行测量。测量的位置和次数,可由有关各方协商认可,并在协议中规定。当协议双方没有任何规定时,应按照分布均匀、具有代表性的原则来布置基准表面,宜在平整的表面上,每 $10m^2$ 不少于 3 个基准表面,结构复杂的表面可适当增加基准面。

实测涂层的最小局部厚度不应小于设计规定的厚度。

2. 结合强度检验

结合强度检验为破坏性试验，宜做抽检或做带样试验，检验方法应按以下要求执行：

（1）切割法。采用切割试验法时，在方格形切样内无金属涂层从基底上剥离或剥离发生在涂层的层间而不是在涂层与基底界面处，则认为合格。出现金属涂层与基底剥离的现象则判定为不合格。检查方法如下：

1）检查原理是将涂层切断至基体，使之形成具有规定尺寸的方形格子，涂层不应产生剥离。

2）检查应采用具有硬质刃口的切割工具，其形状见图3-3。

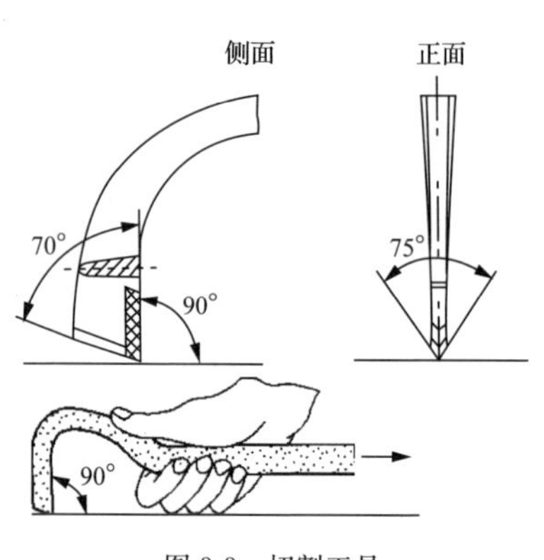

图 3-3　切割工具

3）在使用图 3-3 规定的刀具时，应切出表 3-19 中规定尺寸的格子。切痕深度，应将涂层切断至基体金属。如有可能，切割成格子后，采用供需双方协商认可的一种合适胶带，借助于一个辊子施以 5N 的载荷将胶带压紧在这部分涂层上，然后沿垂直涂层表面方向快速将胶带拉开。如不能使用此法，则测量涂层结合强度的方法就应取得供需双方同意。

表 3-19 格子尺寸

检查的涂层厚度/μm	切割区的近似面积	划痕之间的距离/mm
≤200	15mm×15mm	3
>200	25mm×25mm	5

4）如无涂层从基体金属上剥离，则可认为合格。如在每个方格子的一部分仍然黏附在基体上，而其余部分粘在胶带上，损坏发生在涂层的层间而不是发生在涂层与基体界面处，也可认为合格。

（2）拉开法。采用拉开法进行结合强度定时测试时，结合强度应不低于 3.5MPa 或由供需双方商定。拉开法可选用拉脱式涂层附着力测试仪，检测方法应按仪器说明书的规定进行。

五、金属热喷涂复合保护涂层质量检验

（1）复合保护涂层的表面应均匀一致，无流挂、皱纹、鼓包、针孔、裂纹等缺陷。

（2）复合涂层的最小局部厚度不应小于设计规定的金属涂层厚度和涂料涂层厚度之和，检测方法同第二节中涂料涂膜厚度的检测方法。

（3）复合涂层结合强度的检验，应按金属涂层结合强度检验规定的切割试验法进行。

第四章

水工钢结构的制作

第一节　平面钢闸门的制造

一、概述

在水利水电工程中，广泛应用各种钢闸门，它是水工建筑物中的重要组成部分。闸门在水工建筑物中的作用是挡水、控制水流、根据要求局部或全部开启闸门泄放水流、调节上下游水位、放运船只木排、排冰排污等。

随着水利水电事业的不断发展，闸门已达到相当大的规模，有的重达数百吨，单扇闸门的挡水面积达数百平方米，而承受的水压力达 10 万 kN 以上。这样巨大的闸门，对制造、运输、安装调试提出了更高的要求。

闸门的种类及形式较多，目前尚无统一通用的分类方法，一般可根据闸门的工作性质、形状特点、孔口形式、使用材料、作用水头等进行分类。

按闸门的工作性质不同可分为工作闸门、事故闸门、检修闸门等，按孔口的形式不同可将闸门分为露顶式闸门和潜孔式闸门；按制造闸门的材料和方法的不同，可分为钢闸门、铸铁闸门、木闸门、混凝土闸门及塑料闸门；按闸门形状特点可分为平面闸门、弧形闸门、人字闸门、拱形闸门、链轮闸门和翻板闸门等。

工作闸门是水工建筑物正常运行时所使用的闸门，可以关门挡水，亦可根据需要在不同的开度下放水。事故闸门因有时需要快速关门所以也叫作快速闸门。在该闸门所控制的水道中发生故障或事故时，闸门自动关闭，切断水流，以防事故进一步扩大。检修闸门系指建筑物或设备检修时用于挡水的闸门，以保证检修工作的顺利进行。

在各种材料制造的闸门中，由于钢材的组织均匀、各向强度相等，且具有良好的物理机械性能，特别是焊接性能优越，强度高，同时，焊接钢闸门的自重相对轻，变形小且易于控制和矫正，不透水性好，可承受很大的水压力……，所以焊接钢闸门在水利水电工程中应用很广泛。而其中尤以平面钢闸门应用最为普遍。下面我们将讨论有关平面钢闸门的焊接制造。

知识链接

★具有防洪功能的泄水和水闸系统工作闸门的启闭机应设置备用电源。

★当潜孔式闸门门后不能充分通气时，则应在紧靠闸门下游孔口的顶部设置通气孔，其顶端应与启闭机室分开，并高出校核洪水位，孔口应设置防护设施。

——《水利工程建设标准强制性条文》（2016年版）

二、平面钢闸门的组成及门叶的主要结构

1. 平面钢闸门的组成

平面钢闸门一般包括三个主要组成部分，即活动部分（门叶）、埋设部分和启闭部分。门叶是用于关闭孔口或开启放水的挡水体；埋设部分包括底槛、主轨、副轨、反轨、侧轨、门楣（露顶式平面闸门无门楣）等，埋设在门槽的二期混凝土中。门叶的水载荷通过埋设部分传递到土建结构上去。启闭部分用于控制门叶的启闭，以达到控制水流的目的。平面闸门的组成如图 4-1 所示。

2. 门叶的主要构造

挡一个孔口的闸门叫一扇门叶，由于运输条件的限制和起重设备起重量的限制，一扇闸门又可分为几节。一般都按

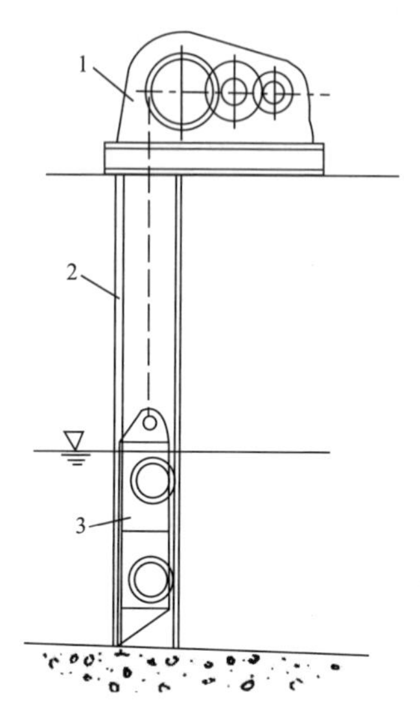

图 4-1　平面闸门的组成

1—启闭机;2—埋件部分;3—门体部分

水平方向分节。门叶由面板、主梁、边梁、水平次梁、垂直次梁和支承行走部分等组成。梁系与面板形成刚性的整体,面板为四周固定支承,强度高,受力条件好,而且结构也较为简单。

3. 门叶的布置

平面钢闸门梁布置的形式有纯主梁式、主次梁式和普通式三种。其中普通式在工程上应用较广,如图 4-2 所示。

梁系的连接形式亦有三种,齐平连接、降低连接和层叠连接,见图 4-3。工程上应用较多的是具有竖向隔板的齐平连接。

平面钢闸门的构造形式较多,各有其特点和应用条件,在此以应用较广的普通式有竖向隔板的齐平连接平面钢闸门为例,论述平面钢闸门制作的有关问题。

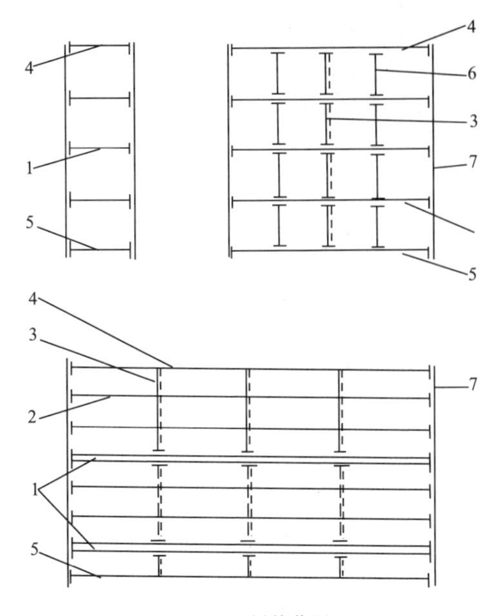

图 4-2 梁格位置

1—主横梁；2—水平次梁；3—竖向连接系；
4—顶横梁；5—底横梁；6—竖直次梁；7—边梁

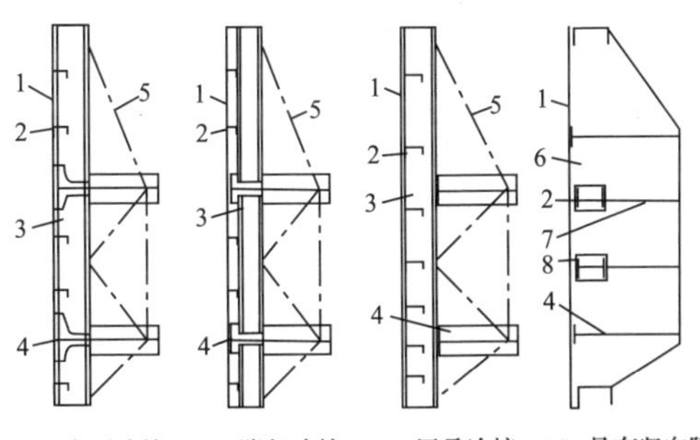

图 4-3 梁系连接形式示意图

1—面板；2—水平次梁；3—竖直次梁；4—主横梁；
5—竖向连接系；6—竖向大隔板；7—筋板；8—开孔

三、闸门制造施工准备

闸门拼装工期的长短、拼装质量的优劣等与拼装前的各项准备工作密切相关。归纳起来，准备工作包括这样几项内容。

1. 技术准备

技术准备包括技术人员、技术工人和技术资料的准备。

(1) 闸门的制造，特别是大型闸门的制造，是一项十分重要和要求很严的工作。要求实行总工程师负责制，下设责任工程师和技术员。总工程师负责闸门制造的施工组织设计、工艺设计、全面负责制作的一切技术问题；责任工程师和技术员在总工程师领导下负责一些具体的技术工作的实施。

(2) 有经验的、熟练的技术工人是施工中的骨干力量。班长、组长、领班等必须由这些骨干担任。施工前，要由技术人员向施工人员进行技术交底。交底内容包括施工内容、工程量的大小、施工程序、施工方法、技术要求、工期长短、安全措施等。参与制造的特种作业人员应具有上岗资格证。

(3)闸门的零部件图和总装配图是拼装的依据。图纸按照有关闸门制造的技术标准设计，从而保证生产合格产品。

(4) 编制闸门拼装工艺卡(拼装方案)。拼装工艺卡是闸门拼装过程的具体施工措施和技术要求。根据闸门大小、结构特点、工期要求制定出符合实际、切实可行的工艺方案，其目的是指导施工，有计划组织生产，既可提高速度，又便于保证质量，使生产者、检验者都心中有数。工艺卡要作为原始记录保存，以备查询。工艺卡有拼装过程工艺卡和焊接施工工艺卡。

(5) 拼装闸门之前，必须提供零部件制造和部件装配的原始质量检查记录。用于拼装的零部件必须是合格的。不合格的零部件必须经上道工序进行处理，合格后方可投入拼装。

平面钢闸门单个构件制造的允许偏差见表 4-1。

表 4-1　　单个构件制造的允许偏差　　（单位：mm）

序号	项目及代号	简图	允许偏差
1 2 3	构件宽度 b 构件高度 h 腹板间距 c	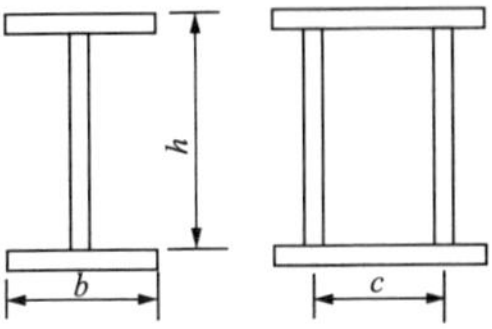 (a)	±2
4	翼缘板对腹板的倾斜度 a	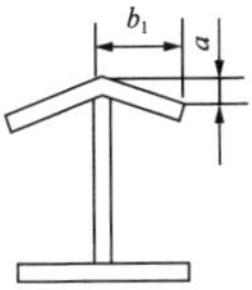 (b)	$a \leqslant \frac{b1}{150}$，且不超过 2，图(b)
		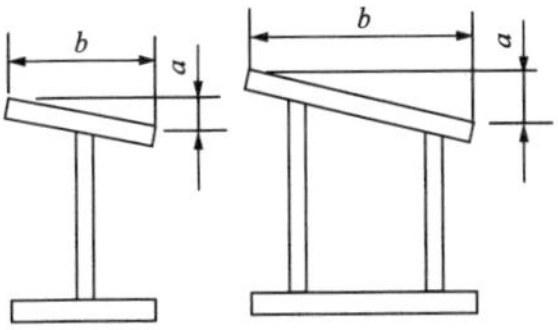 (c)	$a \leqslant 0.003b$，且不超过 2，图(c)
5	腹板对翼缘板的中心位置的偏移 e	 (d)	2
6	腹板的局部凹凸不平度 Δ	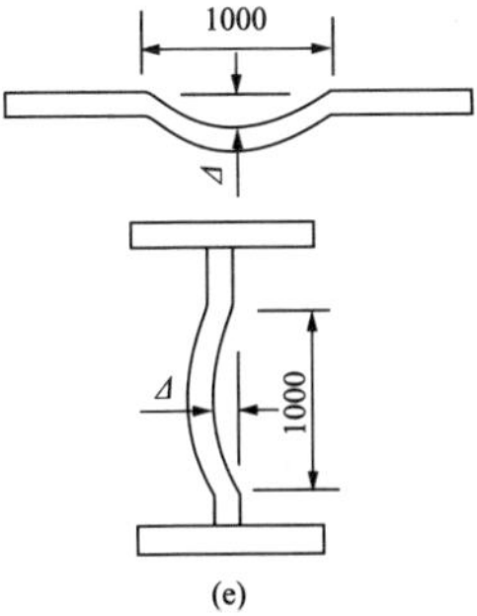 1000 (e)	每米范围内不大于 2

续表

序号	项目及代号	简图	允许偏差
7	扭曲		长度不大于3m的构件应不大于1，每增加1m，递增0.5，且最大不大于2
8	正面（受力面）弯曲度		构件长度的$\frac{1}{1500}$，且不大于4
9	侧面弯曲度		构件长度的$\frac{1}{1000}$，且不大于6

2. 工器具和有关设备的准备

闸门拼装过程中，结构工种（铆工）常用的工器具包括手锤、大锤、卷尺、钢板尺、粉线、钢丝线、划规、锤球、水平尺、角尺、划针、手工锯、扳手等。电焊工种常用的工器具包括电焊帽、电焊钳、把线、刨锤、钢丝刷、毛刷、割枪、烤枪、螺丝刀、手钳、扳手等。

设备包括起重机、水准仪、经纬仪、电焊机、烘箱、磁力电钻、手提砂轮机、氧、乙炔瓶、自动切割机等。起重机的类型可根据拼装场地的不同而选择，如室内拼装可选用桥式起重机较方便，室外（露天）拼装可选用龙门式起重机、门座式起重机等。如果是临时性拼装场地，还可选用汽车吊、履带吊等。起重机的起重量，可根据最重的一节门的重量考虑。电焊机可根据闸门设计的要求，选用直流电焊机或交流电焊机。若选用交流电焊机，为了电弧气刨的需要，还要另配一台或两台直流电焊机。电焊机的数量，可按一节门叶或两节门叶同时进行焊接考虑，另外加点焊需要的电焊机，则为电焊机总数。

3. 拼装场地的准备

拼装场地包括拼焊平台的搭设；起重机的布置；电焊机

房、氧、乙炔瓶站和工作间的安排，水、电、压缩空气的供应等。

拼装场可布置在室内，亦可在露天。有条件的以在室内为好。

当车间较小而闸门拼装工作量较大时，车间内无法布置拼装场，则必须布置在露天。露天场地要尽可能靠近车间，以方便零部件的运输和制造工作的统一组织指挥。室外拼装场的布置见图 4-4。

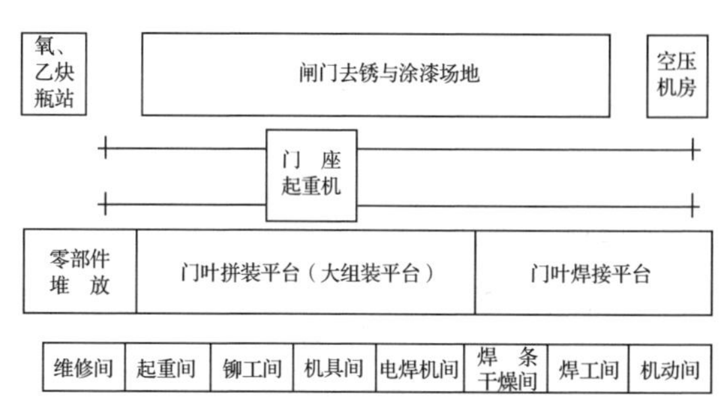

图 4-4　闸门拼焊露天场地布置示意图

由于一般金属结构厂或金结车间并不固定制作平面闸门这种单一的产品，因此，拼装场地的布置既要考虑平面闸门拼装的需要，也要兼顾到可能从事其他金结工程的要求，如埋件、弧形闸门、桥架、屋架、塔架等。

室外拼装场，要设置一台门座式起重机（或门座塔机、龙门起重机等）。起重机的工作范围可根据生产规模而定。氧、乙炔气宜集中供应，以方便使用。氧、乙炔瓶相互间距不得小于 5m，距明火和焊接场所不得小于 10m。空压机房距施工现场应控制一定距离，以减小噪声对现场施工的影响。从空压机房用埋管向现场提供压缩空气，供现场吹扫、电弧气刨用气。电焊机集中布置在一个机房内，便于集中供电和集中控制。制作合格并准备用于拼装的零部件堆放在平台的一端，以备随时使用。已制作焊接完毕的门节可堆放在门机下面，注意放平，防止变形，以备闸门的大组装。

拼装平台的结构见图 4-5。平台的大小视最大单节门的尺寸考虑，若是同时拼装两节门叶也可按两倍尺寸考虑。平台的底层浇混凝土的支墩，支墩要求有一定的埋深，结实可靠。支墩顶部预埋连接钢板，中间层放置较大号的工字钢，其间距按 1.5～2m 考虑，工字钢与支墩焊牢。上层布置较小号工字钢或小钢轨，与中层工字钢垂直焊牢，间距 0.5～1m，各工字钢顶面要求调平，尽可能在同一平面内，平面度控制在 2mm 以内，平台顶面离地面约 1m 的距离。

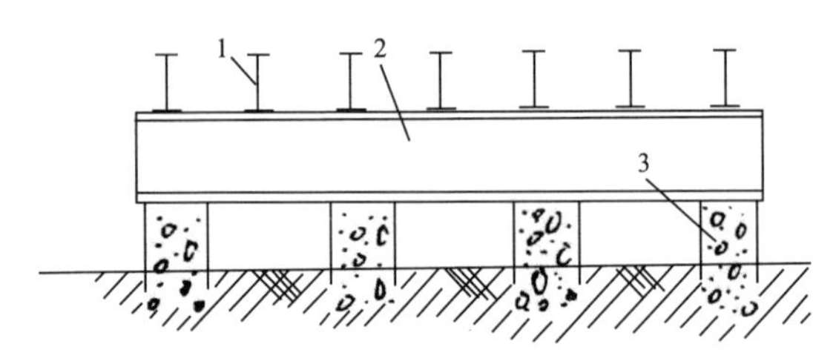

图 4-5　门叶拼装平台结构示意图

1—较小工字钢；2—较大工字钢；3—混凝土支墩

四、门节的拼装

所谓门节拼装就是将已制造合格的零部件拼焊成单节门叶。平面闸门有多根主横梁，高度方向尺寸较大，考虑到运输条件的限制，通常将一扇闸门沿高度方向分成几节，每节两根主横梁，其尺寸视运输要求而定。

1. 面板的拼接

平面钢闸门面板的厚度，大中型闸门一般为 10～20mm，且不可小于 6mm，整块面板的面积又较大，只能用多块钢板拼焊而成。

(1) 拼接缝设计。面板拼接缝的设计是一项细致的工作，既要考虑钢板材料的平面尺寸，最大限度地利用钢材，减少边角料的浪费，又要考虑到工艺上的要求，见图 4-6。归纳起来，有这样几个方面：

1) 钢板长度方向沿水平方向布置，下料宽度既要保证板边线的平直整齐，又要使切去的边废料最少。

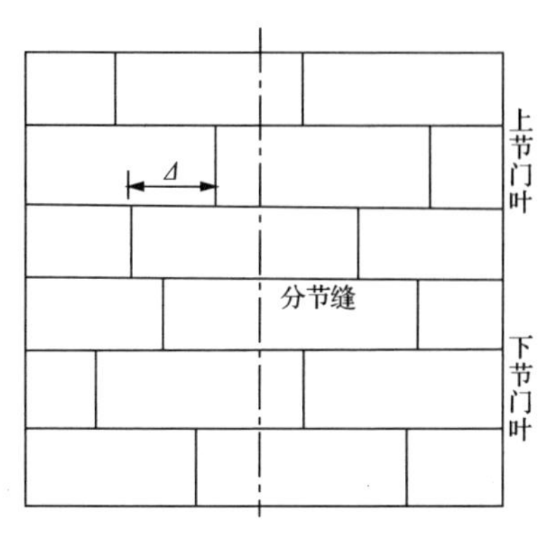

图 4-6　面板拼板示意图

2) 各垂直接缝上下必须错开 200mm 以上，使水平缝与垂直缝形成"丁"字相接。

3) 所有的水平接缝均要避开主横梁的前翼缘、水平次梁等。对于垂直缝与主横梁、水平次梁相交时，应将相交部分焊缝的补强高度磨平。

(2) 平板。单块钢板在下料之前应在滚板机上进行矫平。平板的目的一是平整钢板，二是消除残余应力。一般都应进行平板，这样可减少矫正工作量，提高闸门质量。对于没有滚板机的制造单位，可利用卷板机代替滚板机进行矫平。

(3) 下料。根据面板拼接缝的设计，各种拼板的几何尺寸是已知的，这种尺寸是设计尺寸。在钢板上画线后要切割下料，这就要预留切割余量；钢板下料后要刨边，必须预留刨边加工余量；焊缝的焊接会引起收缩变形，使钢板尺寸变小，也要预留焊缝收缩余量；画线下料过程中温差的影响也不能忽略，如夏天中午气温高达 38℃，在太阳下钢板温度可达 68℃，而早晚的气温下降到 25℃，若下料长 12m，在这种温差下，长度变化值为 $\Delta L = \alpha TL = 0.000012 \times 43 \times 12000 \approx 6.19$mm，这么大的变化会影响闸门质量。

1) 切割余量及边缘加工余量问题。如果用火焰切割下料，切割余量与切割方法、钢板厚度、割嘴的大小有关。

2）对接焊缝的收缩余量问题。对接焊缝在焊接过程中，对钢板进行了不均匀的局部加热，从而引起焊缝的收缩。这种收缩表现在两个方面，即沿着焊缝长度方向的纵向收缩和垂直于焊缝方向的横向收缩。

焊接收缩量的大小，可以用公式估算。如 King 推荐对接焊缝纵向收缩量的计算式为

$$\Delta L=\frac{0.12\times I\times L}{1000\times t} \tag{4-1}$$

式中：I——焊接电流，A；

L——焊缝长，mm；

t——对接板厚度，mm。

对接焊缝横向收缩可用下式估算：

$$\Delta=\frac{0.2\times A}{t}+0.05d \tag{4-2}$$

式中：A——焊缝横截面积，mm^2；

t——对接板厚度，mm；

d——拼接缝间隙，mm。

对接焊缝横向收缩量还可根据坡口型式的不同用下式估算：

对于 60℃的 V 型坡口：

$$b=1.15t+(1.7\sim3.7) \tag{4-3}$$

$$\Delta=(0.1\sim0.11)b \tag{4-4}$$

对于 60℃的 X 型坡口：

$$b=0.577t+(2.85\sim4.85) \tag{4-5}$$

$$\Delta=0.11b+(0.5\sim0.7) \tag{4-6}$$

式中：b——焊缝表面宽，mm；

t——板厚，mm；

Δ——横向收缩量，mm。

对于 V 型坡口背面用电弧气刨清根后再焊接的，另外加刨焊收缩量为 0.7～1.0mm/次。

由于影响焊接收缩量大小的因素很多，用公式计算收缩量时很难将诸多因素都考虑进去，因此，各结构厂在生产实

践中，可以结合本厂的具体条件，或者对产品进行试制，或者焊接试验片，通过对焊接变形进行实际测量，找出本厂产品的收缩规律，制定切合本厂实际的工艺措施和收缩量。

若不便进行试验，或产品量不大，也可不必试验。一般情况下，钢材对接焊缝的纵向收缩量可取 0.15～0.30mm/m，横向收缩量近似按表 4-2 选取。

表 4-2　　对接焊缝横向收缩近似量　　(单位：mm)

钢板厚	V 型坡口	X 型坡口	钢板厚	V 型坡口	X 型坡口
5	1.3	1.2	15	2.0	1.8
6	1.3	1.2	16	2.1	1.9
7	1.4	1.2	17	2.2	2.0
8	1.4	1.3	18	2.4	2.1
9	1.5	1.3	19	2.5	2.2
10	1.6	1.4	20	2.6	2.4
11	1.7	1.5	21	2.7	2.5
12	1.8	1.6	22	2.8	2.6
13	1.9	1.6	23	2.9	2.7
14	1.9	1.7	24	3.1	2.8

对接焊缝的纵、横向收缩量既可计算，又可实测，但在闸门实际制作过程中，面板的面积大、纵横向焊缝多，影响因素又比较复杂，而闸门要求又比较高，几何尺寸以毫米计，即使计算准确，也很难保证在下料、对装、焊接后面板的几何尺寸能符合规范的要求。因此，可采取预留较多的余量，等单节门叶焊接完后，再按设计要求修切面板的余量，以保证质量要求的尺寸。对于单节门叶的整块面板，一般在长和宽两个方向上都预留 30～50mm 的修切余量，这样就比较稳妥。

(4) 对接缝的焊接。如图 4-7 所示，面板的对接焊缝有垂直短缝和水平长缝。为了减小焊接内应力及由此而产生的变形，保证焊接质量，可考虑采用以下几点措施：

1) 焊接顺序。焊接面板时，应先将所有垂直焊缝 1、2 焊完，再焊水平长缝 3。采用这种焊接顺序，先焊垂直短缝时，所受到的限制很小，再焊水平长缝时，可以较为自由地变形，产生内应力的倾向也小得多，从而大大地减小波浪变形和产生裂纹的倾向。

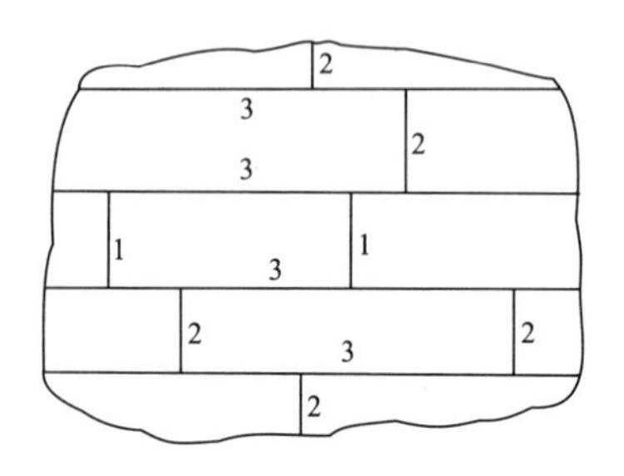

图 4-7　面板对接缝焊接顺序

在此还要特别强调一点，施焊时应注意丁字接头处的焊接质量，在施焊过程中必须采取措施保证丁字接头部位不产生缺陷。如图 4-8 所示，先进行短的垂直缝焊接时，应从水平缝上起弧并在另一条水平缝上收弧，待垂直缝焊满后，用碳弧气刨或砂轮机将水平缝上的焊块去掉，使该处形成光滑的坡口，再焊水平缝，这样就可以保证丁字接头处的焊接质量。

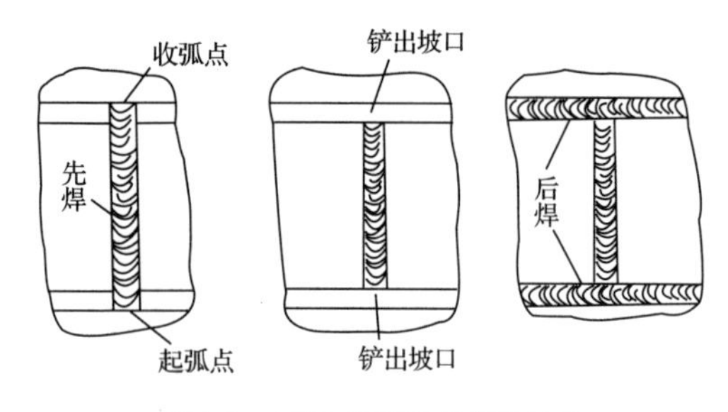

图 4-8　面板丁字接头的焊接过程

2）采用恰当的对接坡口形式可以减小甚至消除角变形。由于焊缝两面熔敷金属量不相等以及先后焊接的差别，使焊缝两面的焊接收缩量不相等，从而造成角度变形。

对于较薄的面板，可以开 V 型坡口，先封底，并焊一至两道，翻面清根，将背面清根部分焊满，再翻面将焊缝全焊完。

也可将正面焊缝全焊满，待门节组装焊接之后翻面，根据角变形大小确定清根深度，角变形大的清根深一点，角变形小的清根浅一点，便可调整角变形。对于较厚的面板，可以开X型坡口，两面坡口深度一般不等，先焊较深一面的坡口，翻面清根，同样，根据角变形大小确定清根深度以调整角变形。

实际施工中，为了更好掌握变形规律，最好先焊几块试验片，总结出符合自己实际的坡口型式、施焊顺序、清根深度等，从而较好地控制面板的角变形。

3）锤击焊缝。锤击焊缝法在焊接中的应用长达60年之久，但对锤击及其影响仍缺乏系统科学性的资料。

锤击法是使用头部$R3\sim R5$mm圆角、重0.3～0.5kg的小扁锤对焊缝进行锤击锻打的方法。通过锻打，使焊缝金属延展伸长，补偿焊接的收缩，以达到减小内应力和变形的目的。施工时，每焊完一道，立即进行锤击，将焊道表面打成密密的小麻点即可。进行锤击时的温度，应当维持在100～150℃之间或在400℃以上，应避免在200～300℃之间锤击，因为此温度金属正处在蓝脆性阶段，锤击容易造成焊缝裂纹。

一般不锤击第一层焊道和最后一层盖面，中间各层均可进行锤击。不锤击第一层主要是为了避免产生根部裂纹。不锤击最后一层盖面，是因为最后一层盖面较薄，锤击会引起表面材料的冷作硬化，而表面层不再施焊，没有加热退火的过程，从而降低焊缝金属的韧性。同时，表面焊道形成较美观的鱼鳞状波纹，锤击形成的麻坑会影响表面的美观。

减小面板对接焊缝引起的内应力和变形的方法很多，如选择合适的焊接规范、焊接工艺、强制变形等，这里不再论述。

2. 单块门叶拼装

（1）普通具有竖向隔板的齐平连接平面钢闸门的拼装。这种型式的平面闸门在工程中应用最为广泛。如图4-9所示，这种闸门的拼装顺序为：面板→主横梁（大梁）→水平次梁→隔板→两端边梁。具体步骤如下：

1）铺设面板并在面板上画线定位（放大样）。将合格的面板铺到已搭设好的平台上并调整水平。首先用粉线放出门叶中心线，打上冲眼，用油漆做好标记。其次放出各主横梁、水平次梁、隔板等的位置边线的拼装中心线（注意，不能放出各构件，因为这些中心线在拼装构件后被盖住），或距边线一定距离（50～100mm）放出检查线，将这些线打上冲眼，用油漆做出标记。画线定位之后，要对其进行检查。检查内容包括上下边距、左右边距、行距、对角线差、面板扭曲等。

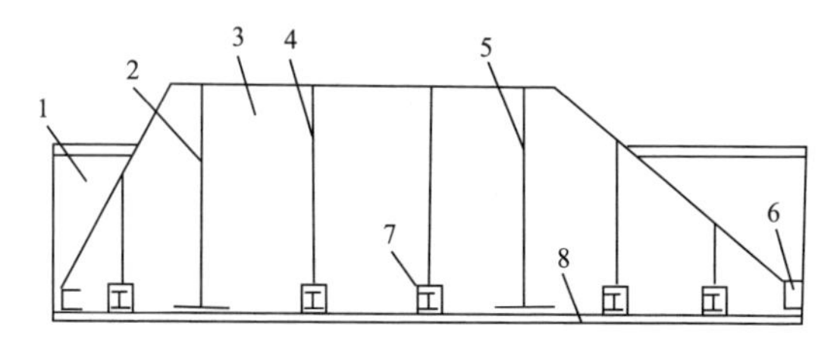

图 4-9　门叶拼装顺序示意图

1—边梁；2—A 主横梁；3—大隔板；4—筋板；5—B 主横梁；6—顶梁；7—水平次梁；8—面板

画线定位时，要注意加入焊接收缩余量，一般可按1/1000的收缩余量考虑；其次，面板焊缝与主梁前翼缘、水平次梁、隔板等相交的部分要磨平，以保证拼对间隙不超过 1mm。

2）拼 A 主梁。按面板上已画好的定位线吊立 A 主梁，将腹板调整到垂直位置，可用吊线锤的方法进行调整。合格后，点焊临时支撑，见图 4-10。临时支撑上也可有花篮螺丝，用以调整主梁的垂直。调整前翼缘两边与面板之间的间隙，使其不超过 1mm。间隙超过 1mm 的部分可点焊压码调整，如图 4-11 所示。间隙合格沿长度方向将翼缘与面板点焊定位。定位焊焊缝的厚度不应超过正式焊缝厚的 1/2，宜为4～6mm，长度 30～60mm，间距小于等于 400mm。低合金高强度结构钢在冬季施焊时，定位焊焊缝的厚度可增至 8mm，长度可达 80～100mm。

3）拼水平次梁。将调直合格的水平次梁按定好的线位放上，检查与面板之间的间隙，超过 1mm 的部分用压码压实，点焊牢固。

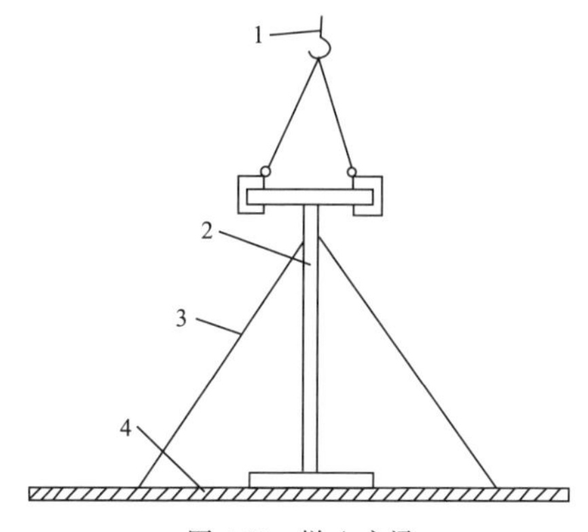

图 4-10　拼 A 主梁

1—吊具；2—A 主横梁；3—临时支撑；4—面板

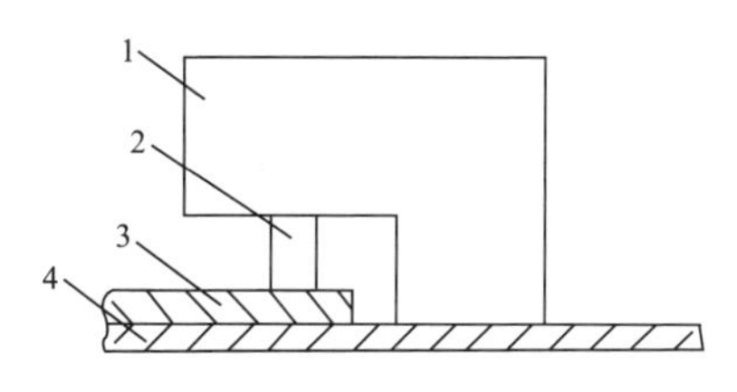

图 4-11　压码示意图

1—压码；2—楔子板；3—翼缘板；4—面板

4）拼 B 主梁左边的全部隔板。隔板上无翼缘的三条边，即与 A、B 主梁连接的两边及与面板连接的一边，这三条边在拼装中要起定位作用，必须经过刨边加工，并检查合格。

在 A 主梁腹板上放出拼对隔板的位置线，此线必须与面板上放出的线相吻合。吊立隔板并进行调整，要求隔板与面板、隔板与 A 主梁腹板必须垂直，用大直角尺检查；所有拼对间隙不大于 1mm，用塞规检查。间隙超过 1mm 的部位用拉码调整，合格后按要求点焊。

必须指出，隔板的三边是经刨削加工的，拼对时，主梁腹板、面板必须与隔板边靠拢，以隔板边定位。当出现间隙过大或拼对有困难时，不能随便用割枪对隔板进行修割。这一步如图 4-12 所示。

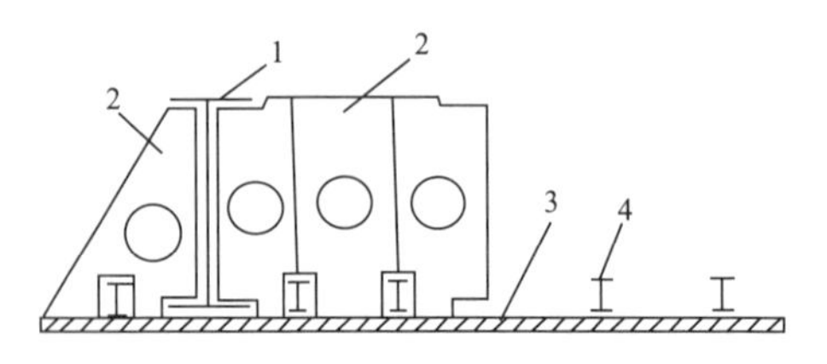

图 4-12　拼对水平次梁和大隔板

1—A 主梁；2—大隔板；3—面板；4—水平次梁

5）吊装 B 主梁。方法与吊装 A 主梁相同。此时一方面 B 主梁的腹板要与各个隔板靠拢，间隙不超过 1mm，同时前翼缘还要与面板上的位置相吻合。调整各处间隙、位置、垂直度等，合格后点焊。

6）拼对右边隔板、吊装顶梁。方法与要求同前。要注意的是，同一横断面上的左、中、右三块隔板要在同一直线上，不要产生错位，这样受力条件较好。

7）拼装两端部边梁。将两边梁吊装就位，调整好几何位置、垂直度，边梁腹板与主梁腹板顶紧，前翼缘与面板对齐，后翼缘与主梁的后翼缘对齐，调整间隙符合要求，点焊牢固。

8）单块门叶拼装质量检查。单块门叶拼装完毕，交给焊接工序之前要进行整体质量检查，如图 4-13 所示。检查的项目有：①两根主横梁后翼缘中心线的平行度及间距，其误差不超过 2mm；②主梁后翼缘中心线与两边梁后翼缘中心线交

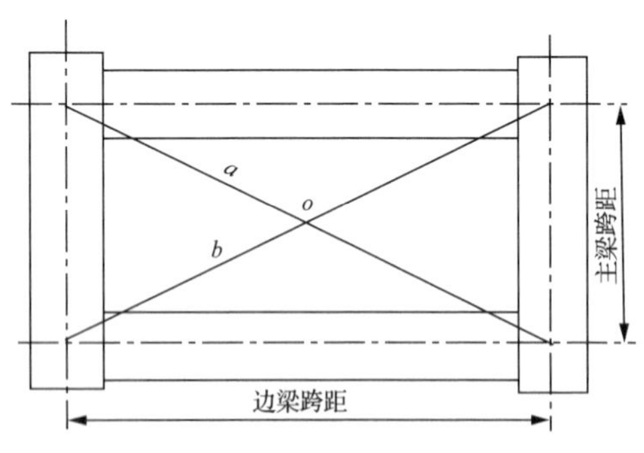

图 4-13　单节门叶几何尺寸检查

点的对角线长度差不大于 2mm，门叶扭曲（即两条对角线在几何中心 o 点的不重合度）不大于 2mm；③两边梁的间距 L，误差不大于 2mm；④隔板的位置、间距、平直度、垂直度等是否符合要求；⑤所有拼对部位的间隙符合要求。

检查时必须注意，所有检查的几何尺寸要在设计值的基础上加 1/1000 的焊接收缩量。

检查合格后，要做出原始记录。

（2）其他型式平面钢闸门的拼装。其他型式的平面钢闸门，如降低连接、层叠连接等，其拼装顺序、方法和要求与前述闸门基本相同。一般可按下述拼装原则进行：

1）拼装每一步都要按质量要求施工、检查，不能留隐患；

2）拼装顺序由下而上，先内后外，以拼装方便、速度快为原则；

3）加强监督和检查。

五、门叶的焊接

每节单块门叶拼装完之后，可交焊接工序，在进行门叶正式焊接之前，要进行以下几项工作。

1. 正式焊接前的准备工作

（1）制定焊接工艺措施（焊接工艺卡）。门叶在拼装后的焊缝基本上是角焊缝，这是其特征之一；其二，焊缝多，焊接量大，一节 50t 重的门叶，约有 400m 的焊缝，且焊缝高都不小于 4mm；其三，焊缝集中。50t 一节门叶的 400m 左右的焊缝就集中在约 60m^2 的范围之内；其四，又是多个焊工同时进行焊接，热量集中。所有这些，势必引起较大的焊接应力和变形。焊接工艺卡就是要针对这些具体情况，制定合理的焊接工艺，尽量减小焊接应力，并控制变形在允许范围之内，确保焊接质量。

（2）焊接平台。门叶拼装完并经检查合格后，一般应就地进行焊接，不要移动位置。如果拼装平台有限而必须移动时，首先要对门叶吊点处进行加固性焊接，以防止起吊过程由于门叶的重量将吊点处的点焊拉裂，造成事故；其二，门叶吊运到焊接平台上以后，要重新调平，门叶下的支垫数不得少于四点，平台的地基要坚固，焊接过程中，支垫点处的地基不得自动下沉，见图 4-14。

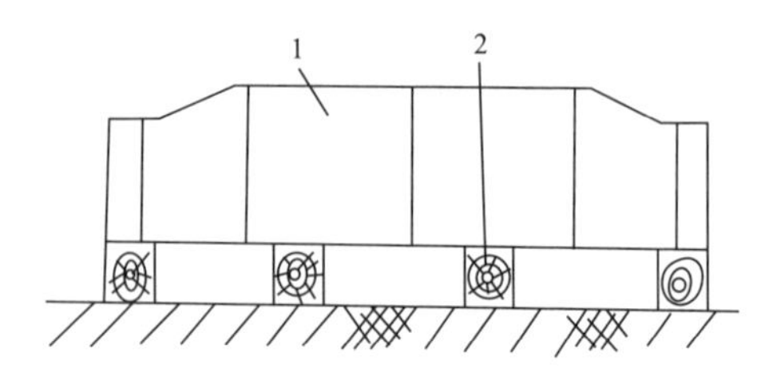

图 4-14　门叶调平焊接

1—门叶；2—支垫

(3) 正式焊接前应进行加固性焊接。门叶在拼对过程中所进行的定位焊一般都比较短，且焊脚低，为了防止正式焊接过程中出现的应力将定位焊拉裂，应对点焊处进行加固性焊接。加固焊需做到每间隔 400mm 左右必须有一段 100mm 左右的加固焊段，焊缝厚度不应超过正式焊缝厚度的 1/3～1/2。

2. 钢闸门的焊缝分类与质量标准

(1) 根据《水电工程钢闸门制造安装及验收规范》(NB/T 35045—2014)及《水利水电工程钢闸门制造、安装及验收规范》(GB/T 14173—2008)标准的规定：钢闸门焊缝按其所在部位的荷载性质、工作环境、应力状态和质量特性重要程度，分为三类，合同及(或)设计文件另有规定者，按其规定。

1) 一类焊缝：

①闸门主梁、边梁、臂柱的腹板及翼缘板的对接焊缝；

②闸门及拦污栅的吊耳板与门叶或栅体连接的对接焊缝；拉杆的腹板拼接、翼缘板拼接的对接焊缝；

③闸门主梁腹板与边梁腹板连接的组合焊缝或角焊缝，主梁翼缘板与边梁翼缘板连接的对接焊缝；

④转向吊杆的组合焊缝或角焊缝；

⑤人字闸门门端柱隔板与主梁腹板及端板的组合焊缝。

2) 二类焊缝：

①闸门面板的对接焊缝；

②拦污栅主梁和边梁的腹板及翼缘板对接焊缝；

③闸门主梁、边梁及臂柱的翼缘板与腹板的组合焊缝或角焊缝；

④主梁、边梁与门叶面板相连接的组合焊缝或角焊缝；

⑤臂柱与连接板的组合焊缝或角焊缝；

⑥闸门吊耳板与门叶的组合焊缝或角焊缝。

3）三类焊缝：

不属于一、二类焊缝的其他焊缝都为三类焊缝。

（2）焊缝的质量标准。

1）所有焊缝均应进行外观检查。质量标准符合表4-3的规定。

2）外观检测采用目测方式，裂纹的检查应辅以5倍放大镜并在合适的光照条件下进行。当有疑问时，可采用磁粉或渗透检测。

3）表面无损检测应符合下列规定。

①下列情况之一应进行表面检测：设计文件规定进行表面检测时；外观检测发现裂纹时，应对该条焊缝进行100%的表面检测；外观检测怀疑有裂纹时，应对怀疑的部位进行表面检测；允许补焊的铸钢件表面。

②铁磁材料应采用磁粉检测；不能使用磁粉检测时，应采用渗透检测。

表4-3　焊缝外形尺寸和外观质量要求　（单位：mm）

序号	项目	允许缺欠尺寸		
		一类焊缝	二类焊缝	三类焊缝
1	裂纹	不允许		
2	焊瘤	不允许		
3	飞溅	不允许		
4	电弧擦伤	不允许		
5	夹渣	不允许		深度小于等于0.2δ，长度小于等于0.5δ，且小于等于20

续表

序号	项目			允许缺欠尺寸		
				一类焊缝	二类焊缝	三类焊缝
6	咬边			深度小于等于 0.2δ，连续长度小于等于 100，两侧咬边累计长度小于等于 10%焊缝全长		深度应不大于 0.1δ，长度应不大于 0.3δ，且应不大于 15
7	表面气孔			不允许	每米范围内允许 3 个 $\phi 1.0$ 气孔，且间距大于等于 20	每米范围内允许 5 个 $\phi 1.5$ 气孔，且间距大于等于 20
8	错边量			$\leqslant 0.1\delta$，且 $\leqslant 2.0$	$\leqslant 0.15\delta$，且 $\leqslant 3.0$	$\leqslant 0.2\delta$，且 $\leqslant 4.0$
9	焊缝边缘直线度	焊条电弧焊、气体保护焊		在焊缝任意 300 长度内小于等于 3		
		埋弧焊		在焊缝任意 300 长度内小于等于 4		
10	对接焊缝	未焊满		不允许		
		焊缝余高	焊条电弧焊、气体保护焊	平焊：0～3 立焊、横焊、仰焊：0～4		
			埋弧焊	0～3		
		焊缝宽度	焊条电弧焊、气体保护焊	盖过每侧坡口宽度 2～4，且平滑过渡		
			埋弧焊	开坡口时盖过每侧坡口宽度 2～7，且平滑过渡 不开坡口时盖过每侧坡口 4～14，且平滑过渡		
11	角焊缝	角焊缝厚度（不按焊缝计算厚度）		不允许	$\leqslant 0.3+0.05\delta$，且 $\leqslant 1$，每 100 焊缝长度内缺欠总长度小于等于 25	$\leqslant 0.3+0.05\delta$，且 $\leqslant 2$ 每 100 焊缝长度内缺欠总长度小于等于 25
		焊脚	焊条电弧焊、气体保护焊	$K<12$　0～2 $K\geqslant 12$　0～3		
			埋弧焊	$K<12$　0～2 $K\geqslant 12$　0～3		
		焊脚不对称		差值小于等于 $(1+0.1K)$		
12	端部转角			连续绕角施焊，焊脚满足同一焊缝的规定		

注：1. δ—板厚；2. K—焊脚；3. 角焊缝检测时，凹形角焊缝宜检测角焊缝厚度不足，凸形角焊缝宜检测焊脚。

③磁粉检测应执行《焊缝无损检测 磁粉检测》(GB/T 26951—2013)的规定;焊缝线状显示的验收等级应执行《焊缝无损检测 焊缝磁粉检测 验收等级》(GB/T 26952—2011)的1级;渗透检测的焊缝线状显示的验收等级应执行《焊缝无损检测 焊缝渗透检测 验收等级》(GB/T 26953—2011)的1级。

(3) 焊缝的内部质量按下列规定进行检查:

1) 无损检测应在外观检测合格后进行,抗拉强度为600~690MPa的低合金高强度结构钢焊缝,无损检测应在焊接完成24h后进行;抗拉强度大于等于690MPa的低合金高强度结构钢焊缝,无损检测应在焊接完成48h后进行。

2) 焊缝内部质量的无损检测方法、检测长度占全长百分数应不小于表4-4的规定,合同或设计文件另有规定时,按其规定执行。焊缝内部无损检测时,超声检测方法或射线检测方法可任选其一。脉冲反射法超声检测时,如发现可疑波形不能准确判断,可采用射线检测或衍射时差法超声检测进行综合评定。

表4-4 焊缝内部无损检测方法和检测长度

钢种	板厚/mm	脉冲反射法超声检测长度		射线检测长度	
		焊缝类别		焊缝类别	
		一类	二类	一类	二类
碳素结构钢	<38	50%	30%	15%且≥300mm	10%且≥300mm
	≥38	100%	50%	20%且≥300mm	
低合金高强结构钢	<32	50%	30%	20%且≥300mm	
	≥32	100%	50%	25%且≥300mm	
抗拉强度大于等于600MPa低合金高强度结构钢	所有厚度	100%	50%	20%且≥300mm	
不锈钢复合钢板	所有厚度	50%	30%	20%且≥300mm	

注:1. 无损检测长度为全长焊缝的百分数;

2. 非全长的焊缝无损检测部位应包括全部丁字焊缝及焊工或焊接操作工所焊焊缝的一部分。

3）脉冲反射法超声波检测按《焊缝无损检测 超声检测技术、检测等级和评定》(GB/T 11345—2013)进行，检验等级为B级，焊缝显示特征的判定按《焊缝无损检测 超声检测 验收等级》(GB/T 29712—2013)中的验收等级2级为合格；衍射时差法超声波检测应按《承压设备无损检测 第10部分：衍射时差法超声检测》(NB/T 47013.10—2015)的有关规定执行，焊缝质量验收等级应按设计文件的规定执行；射线检测按《金属熔化焊焊接接头射线照相》(GB/T 3323—2005)进行，射线透照技术等级为B级，一类焊缝不低于Ⅱ级合格，二类焊缝不低于Ⅲ级合格。

4）内部局部无损检测发现存在裂纹、未熔合或不允许的未焊透等危害性缺陷时，应对该条焊缝进行全部检测。如发现存在其他不允许缺陷时，应在其延伸方向或可疑部位做补充检测，补充检测的长度应不小于原焊缝长度的10%，且不小于200mm，经补充检测仍不合格，则应对该焊工在该条焊缝的全部焊接部位进行检测。

（4）焊接缺陷返工。

1）焊缝外观缺陷返工。焊缝外形尺寸和外观质量不符合表4-3“焊缝外形尺寸和外观质量要求”规定时，焊工或焊接操作工可自行返工，进行修磨或按焊接工艺规程(WPS)进行局部焊补。焊补的焊缝应与原焊缝间保持平滑过渡。

2）焊缝表面裂纹及内部缺陷返工。焊工或焊接操作工应执行返工工艺规定。返工工艺应在分析缺陷产生的原因后，由焊接技术员制定。在缺陷返工过程中，应要求：①清除焊接缺陷只能采用碳弧气刨、砂轮或其他机械方法，而不得采用电弧或气割火焰熔除；②彻底清除焊接缺陷，不应有毛刺和凹痕，坡口底部圆滑过渡；③有预热要求的焊缝，其局部焊缝返工时的预热温度应比原焊缝高20～30℃；④抗拉强度大于等于600MPa的低合金高强度结构钢焊接缺陷的返工还应监控热输入、预热温度及道间温度，要求热输入和道间温度应与原焊缝相同并作详细记录和存入产品质量档案；返工后应按原焊缝的规定进行后热；⑤返工后的焊接接头，应按原焊缝质量要求和无损检测方法进行100％检验；⑥同一部位的焊缝返工次数不宜超过2次，超过2次应经焊接技术负责人批准方可进行，并将返工情况记录和存入产品质量档案，但抗拉强度大于等于600MPa的低合金高强度结构钢焊接缺陷的返工次数不宜超过1次。

3. 焊接变形及减小焊接变形的措施

如前所述，门叶的焊缝多，焊接量大。所以，门叶的焊接变形总会产生。我们的目的就是探讨门叶在焊接过程中的变形规律及减小焊接变形的措施，以保证焊接后门叶的质量满足标准的要求。

(1) 焊接变形。影响门叶焊接变形的因素是多方面的，所以焊接过程中出现的变形也是错综复杂的。归纳起来，门叶的焊接变形可分为局部变形和整体变形两大类。

1) 局部焊接变形。这种变形对门叶整体的几何尺寸没有影响或影响不大，但影响局部的受力强度、止水效果及外形美观。例如：当拼对间隙过大时可能引起局部的鼓包或凹陷；翼缘板的不对称焊接可能造成不垂直；面板上下边缘的局部变形则可能影响止水效果等。

2) 整体焊接变形。门叶焊接整体变形有整体横向弯曲变形、整体纵向弯曲变形，以及整体几何尺寸的改变。由于门叶拼装后大多数焊缝位于面板这一侧，一般情况下，门叶焊接后这种整体弯曲变形有在面板这一侧凹进的趋势；如果焊接工艺的正确或由于预留反变形等原因，也可能出现面板凸出的整体弯曲。门叶整体弯曲示意图见图4-15。

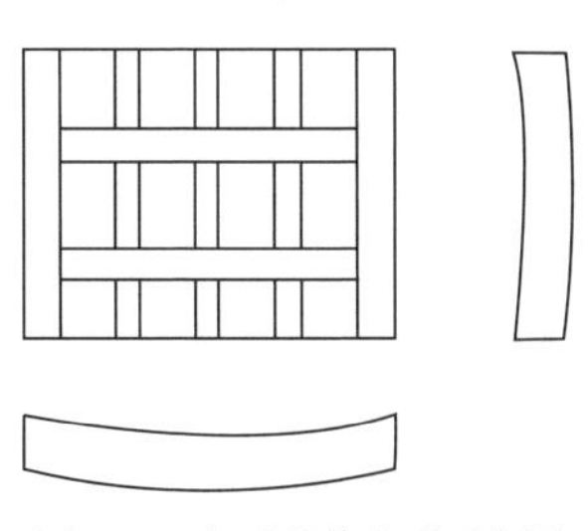

图4-15　门叶整体变形示意图

门叶的整体弯曲,《水电工程钢闸门制造安装及验收规范》(NB/T 35045—2014)中规定应凸向迎水面,当面板位于门叶的上游侧作挡水面时,则面板应外凸。这个方向的整体弯曲对闸门的工作是有利的。

门叶的整体弯曲变形就是门叶的四角不在同一平面内。这种整体变形直接影响止水效果,同时使主轮(或滑道)的受力不均匀,产生过大的内应力。严重时甚至不能进入门槽。产生扭曲变形的原因大致有这样几个方面:①焊接前的检查疏忽,使拼对中的扭曲导致焊后的扭曲;②焊前门叶的移动导致扭曲,又未能及时矫正,导致焊后的扭曲;③焊接平台地基不牢固,在焊接过程中,地基的不均匀下沉导致焊后扭曲;④焊接工艺不当或施焊人员不按工艺要求进行焊接;⑤其他原因等。

整体几何尺寸缩小及两对角线不等,这是焊接收缩变形的必然结果。整体几何尺寸如果收缩后小于设计值,也会影响闸门的正常工作。例如:当门叶的总宽小于设计值时,两边梁的跨距也缩小,导致边梁中心偏离主轨承压中心。门叶的两对角线不相等,则门叶变成菱形,上下边与两侧边不垂直,闸门下落关门时,底边倾斜而导致底止水的漏水,或两侧水封的压缩量不均匀而漏水。

(2) 减小焊接变形的措施。门叶的变形可能由于拼装所致;可能由于平台不均匀下沉所致;也可能由于吊装、放置不当或焊接工艺不当所致。在此仅讨论减小焊接变形的措施。

1) 预留焊接收缩余量。为了弥补焊接收缩后整体几何尺寸的减小,根据实践经验,在拼装时预留 1/1000 的焊接收缩余量,是比较切合实际的,焊后一般能满足要求。也可以根据自己的经验进行适当调整,但总体在 1/1000 左右。

2) 在门叶拼装中注意顶紧所有接缝。在拼装中尽可能将接缝顶紧,局部间隙不超过 1mm,这是减小焊接变形的有效方法。拼装间隙越大,敷熔的金属量也越多,所引起的焊接变形也就越大。当局部间隙过大时,严禁在间隙处加塞填塞物进行焊接,而应该在大间隙处先进行堆焊,堆焊到间隙合格再拼装焊接。

为了减小拼装间隙，要求下料准确，进入拼装的零部件必须是合格的。

3）制定合理的焊接工艺。焊接工艺制定是否合理，对减小门叶的焊接变形具有十分重要的意义。要制定出合理的焊接工艺，必须具备一定的实践经验。闸门焊后的整体变形是无法用计算方法确定的。有实践经验的人制定出的焊接工艺一般是能控制门叶变形的。由于变形情况较复杂，焊接工艺也并非一成不变，有时要在焊接过程中根据变形的具体情况进行调整。

焊接工艺包括焊接规范、焊接程序、焊工人数、工位号及焊接方法等。

①焊接规范：焊接规范的选择应按焊接过程的内容确定。值得提出的是，同时进行焊接的多个焊工必须严格按工艺卡中的规定进行施焊。所用的焊接规范，如焊条直径、电流强度、焊接层次、焊接速度、焊接顺序、焊接方法、焊接方向等都要一致。

②焊接程序：以门叶垂直中心线（或隔板）、主梁中心线等为界，将整个门叶划分为几个对称的焊接区域（划分时应为偶数而不要为奇数），如图 4-16 所示。焊接时必须遵从由中心向外侧对称分段逆向施焊和先立焊，后平焊的原则。

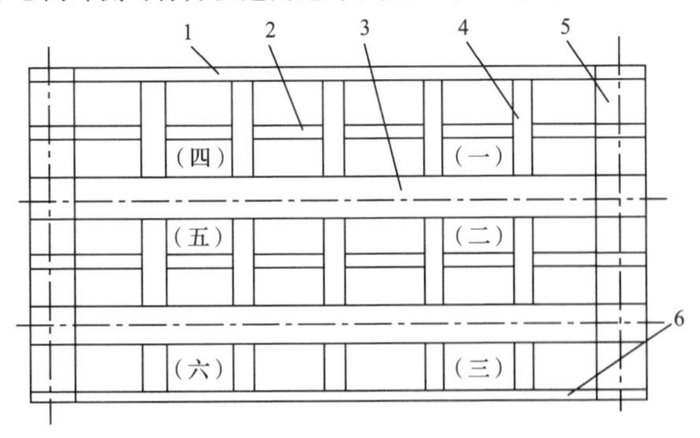

图 4-16　门叶焊接分区域示意图

1—顶梁；2—水平次梁；3—主梁；4—隔板；5—边梁；6—底梁

焊接的顺序可以这样安排:第一步,隔板连接:隔板后翼缘与主梁后翼缘平缝、隔板腹板与主梁后翼缘角缝、隔板与主梁立缝及隔板与筋板立缝。第二步,梁系与面板之间连接的平角缝,从中间向四周对称、分段、退步焊接。第三步,两边梁连接缝:边梁与主梁连接焊缝、水平次梁与边梁腹板连接缝及边梁与面板连接缝。第四步,翻转门叶气刨清根后,焊面板迎水面焊缝(如制作面板时,迎水面焊缝已焊完,此步从略)。

③焊工数和工位号:焊工数就是同时参与焊接的工人数。一般说来,是按门叶划分的焊接区域数决定的。也可以根据焊缝的不同和对称的原则决定焊工数。在门叶的焊接过程中,焊工数也并不是一成不变的,可以根据需要作适当调整,有时 8 个人,有时也可能 10 个人或 6 个人,呈偶数变化。工位号就是每个焊工必须焊接的位置的代号。在焊接工艺卡中,对于焊工数和工位号都要作出明确的安排和规定。

④焊接方法和要求:这方面的内容在焊接工艺卡中规定得很完整也很具体,现举例如下:a. 焊接前必须对焊缝进行清理,可用钢丝刷清理或烤枪烘烤,烘烤应按要求进行。b. 闸门应在自由状态下进行焊接,不得强行固定。c. 对于一、二类焊缝必须由合格焊工进行焊接。d. 施焊时,某一单元、某一部分的焊缝应连续焊完,不宜中断。e. 采用对称分段焊法,分段长度可为 100～200mm。f. 多层多道焊时,层间接头应错开 30mm 以上。g. 短弧操作、直流反接。h. 焊缝形状系数(即熔宽/熔深)控制在 1.3～2.0 为宜。i. 对大断面的焊缝,焊条摆动的宽度不超焊条直径的 3～4 倍,每层焊接厚度不超过焊条直径的 1.5 倍。j. 焊条的焊接方向与钢板间的夹角为 60°～80°之间,焊接时不得随意挑弧等。

4) 加强变形监测和控制。焊接过程中门叶的变形是一个很复杂的问题,受到很多因素的影响和制约,而且这些因素在整个焊接过程中又在不断变化。例如:周围环境气温早、中、晚的变化会影响到变形；同时参加焊接的各焊工的施焊速度、焊接电流等也在不断变化，造成焊接线能量的变化，也会影响到变形等。因此，在施焊过程中，有可能出现异常变形。为了避免出现这种情况，应派专人对门叶的变形情况随时进行监测，以便随时发现问题并及时处理。

对于出现整体弯曲，若是按规范要求凸向迎水面，且不超过允许值，则是正常的；若是凸向相反的方向则必须进行调整。可以用调整焊接线能量的方法，用改变焊接顺序的方法，用改变门叶支垫点等方法加以控制。

六、质量检查及焊接变形的修复

门叶在拼装完之后，要进行一次全面的质量检查，不合格不得移交焊接工序进行焊接；门叶在焊接过程中，随时要进行变形的监测；全部焊完之后，还要进行一次质量检查。合格时要做出记录，不合格要进行处理修复。

1. 门叶制造质量要求

制造、组装的允许偏差见表 4-5，焊接质量要求见焊缝质量标准。

表 4-5　　平面闸门的允许偏差　　（单位：mm）

简图				
序号	项目	门叶尺寸	公差或极限偏差	备注
1	门叶厚度 b	≤1000	±3.0	
		1000～3000	±4.0	
		＞3000	±5.0	

简图	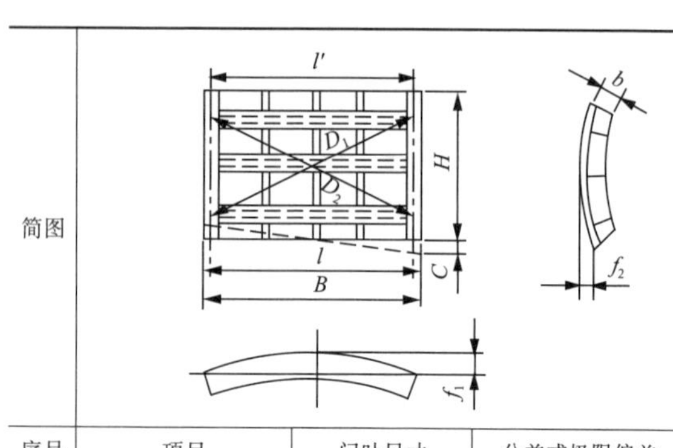			
序号	项目	门叶尺寸	公差或极限偏差	备注
2	门叶外形高度 H 门叶外形宽度 B	≤5000 5000～10000 10000～15000 15000～20000 >20000	±5.0 ±8.0 ±10.0 ±12.0 ±15.0	注 1
3	对角线相对差 $\|D_1-D_2\|$	取门高或门宽中尺寸较大者： ≤5000 5000～10000 10000～15000 15000～20000 >20000	 3.0 4.0 5.0 6.0 7.0	
4	扭曲	≤10000 >10000	3.0 4.0	
5	门叶横向直线度 f_1		B/1500，且不大于 6.0	注 2
6	门叶竖向直线度 f_2		H/1500，且不大于 4.0	
7	两边梁中心距	≤10000 10000～15000 15000～20000 >20000	±3.0 ±4.0 ±5.0 ±6.0	注 2
8	两边梁平行度 $\|l'-l\|$	≤10000 10000～15000 15000～20000 >20000	3.0 4.0 5.0 6.0	

续表

简图				
序号	项目	门叶尺寸	公差或极限偏差	备注
9	纵向隔板错位		3.0	
10	面板与梁组合面的局部间隙		1.0	
11	门叶底缘直线度		2.0	
12	门叶底缘倾斜值 $2C$		3.0	
13	面板局部平面度	面板厚度： ≤10 10～16 ≥16	每米范围内不大于： 5.0 4.0 3.0	
14	两边梁底缘平面（或承压板）平面度		2.0	
15	节间止水板平面度		2.0	
16	止水座面平面度		2.0	
17	止水座板工作面至支承座面的距离		±1.0	
18	侧止水螺孔中心至门叶中心距离		±1.5	
19	顶止水螺孔中心至门叶底缘距离		±3.0	
20	底水封座板高度		±2.0	
21	自动挂钩定位孔（或销）中心距		±2.0	

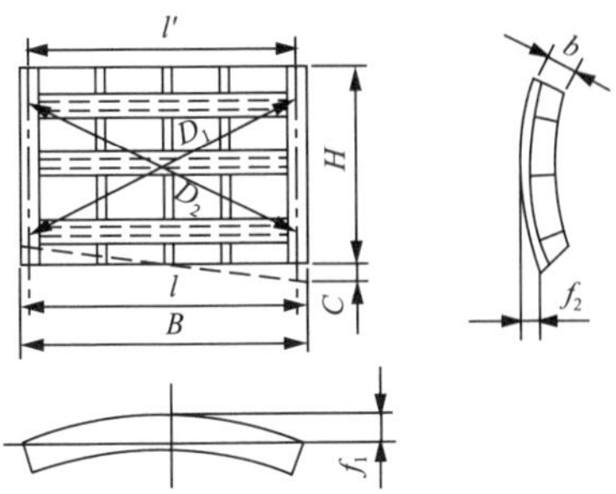

续表

简图	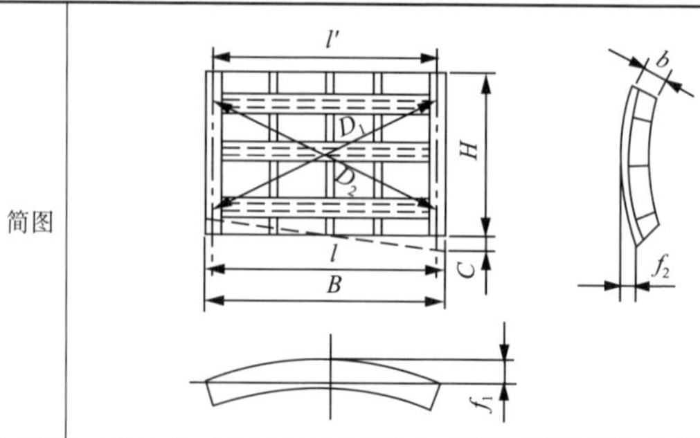			
序号	项目	门叶尺寸	公差或极限偏差	备注
22	自动挂脱定位销中心线至门叶厚度中心距离		±2.0	
23	自动挂脱定位销中心线与给定纵向基准距离		±2.0	
24	自动挂脱定位销相对于两边梁底缘平面的垂直度		≤1.5	

注：1. 门叶宽度 B 和高度 H 的对应边之差应不大于相应尺寸公差的一半(本规定适用于其他形式的闸门)；

2. 门叶横向直线度通过各横梁中心线测量，竖向直线度通过两边梁中心线测量。门叶整体弯曲应力求凸向迎水面，如出现凸向背水面时，其直线度公差应不大于 3.0mm；但图样有规定时，应符合图样规定。

2. 检查方法

(1) 门叶的横向弯曲和纵向弯曲的检查。门叶的横向弯曲通过主梁中心线检查，纵向弯曲通过两边梁中心线检查。测点布置于主梁和边梁的后翼缘中心线处，间距 1.5～2.0m，在梁的两端及中间应布置测点，测点数为奇数。

具体检查时，在门叶附近架立水准仪，水准仪比待测点高出 100mm 为宜，太高会使读数出现误差。测量读数时，应将钢板尺前后稍加摆动，读取最小值，如图 4-17 所示。

(2) 门叶扭曲检查。扭曲值可用水准仪测量，亦可拉线检查。用水准仪检查时，水准仪的架立及钢板尺读数的方法

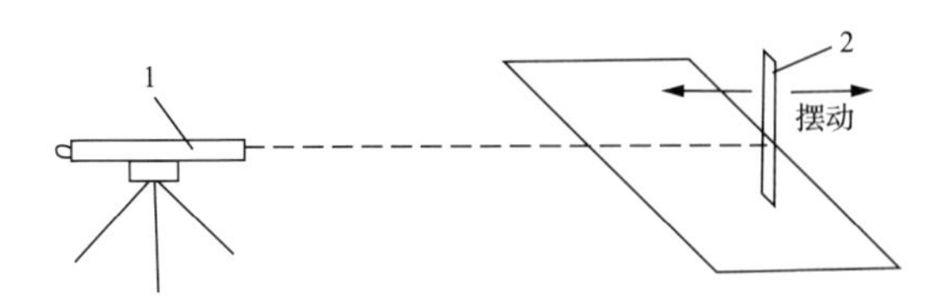

图 4-17　水准仪测平直线示意图

1—水准仪;2—钢板尺

与前述相同。每节门叶取四点,即上下梁中心线与两边梁中心线的交点,用水准仪测出这四点的读数,再计算门叶扭曲值,即

$$扭曲值=\frac{(一对角线两点读数之和)-(另一对角线两点读数之和)}{2}$$

这种方法检查扭曲比较准确,而且可以和整体弯曲的检查同时进行。

拉线检查扭曲时,所用线为放样下料时的丝线,四个人在对角拉两根线,通过对角四点,再用钢板尺测量两线在交点的不重合距离即是门叶的扭曲值。四人拉线要均匀适度,用力太大线被拉断,用力太小又不准确。这种方法简单、方便、灵活,但测量精度差。

(3) 门叶几何尺寸检查。进行几何尺寸检查之前,应对测量用的钢卷尺进行校验。校验应由负责测量的部门进行,经过校验的钢卷尺方可使用。

用钢卷尺进行悬空测量时,两人用力拉紧,钢卷尺会伸长,所以在测量时要根据测量距离和拉力大小进行修正,修正值见表 4-6。

测量时若钢尺不悬空,而是放在门叶上,此时拉力很小,不必进行修正。

门叶焊接完之后,进行几何尺寸检查应以设计尺寸为标准。

(4) 局部不平度的检查。面板、腹板等的局部不平度可用 1m 的钢板尺进行检查。将 1m 的钢板尺侧放在钢板上,配合塞尺,便可检查出局部不平度。

表 4-6　　用钢尺测量跨度的修正值

跨度/m	拉力/kgf	钢尺截面尺寸/(mm×mm)			
		10×0.25	13×0.2	15×0.2	15×0.25
		修正值/mm			
10.5	10	2	2	1	1
13.5		2	2	2	1
16.5		2	2	2	0
19.5		3	2	1	0
22.5	15	6	5	4	2
25.5		6	6	4	2
28.5		7	6	4	2
31.5		7	6	4	1

注：1. 测量时所得钢尺上的读数加上修正值即为实际跨度。

2. 测量时钢尺和桥架温度应一致，并不应受风力而飘动。

3. 1kgf=9.8N。

3. 门叶焊接变形的矫正

门叶的焊接，只要工艺正确并加强监控，变形一般是不会超标的。但有时也会出问题，使整体变形值超标。有的局部变形是不可避免的。所以，门叶焊完之后，对这些变形要进行矫正。

常用矫正方法有机械力矫正法和火焰矫正法两种。

机械力矫正法是利用机械力(如压力机、千斤顶、拉马、重物等)进行顶、压、拉等办法，使构件产生与焊接变形相反的塑性变形，以抵消焊接变形，从而达到矫正的目的。

火焰矫正法就是利用对金属构件进行不均匀的局部加热所产生的变形，抵消因焊接而引起的变形，以达到矫正的目的。

对于制造闸门常用的 Q235 钢和 Q345 钢，具有良好的火焰矫正性能。使用火焰矫正对其机械性能几乎没有影响。

(1) 面板上、下边缘角变形的修复。面板上、下边缘与水平次梁的角焊缝焊接后，面板边缘会产生角变形，如图 4-18 所示。这种变形会影响水封的安装及止漏效果。这种变形在门叶焊接中无法避免，必须进行矫正。

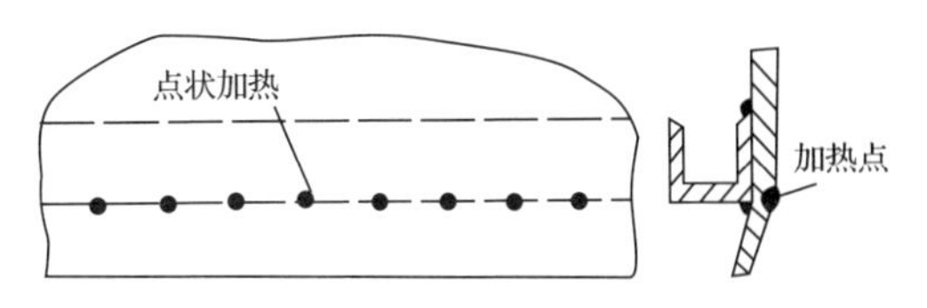

图 4-18　面板边缘角变形的修复

这种变形的矫正一般使用火焰矫正法。矫正时，应根据角变形的大小采用点状加热或线状加热。有时变形较大，为了加强矫正的效果，可以用水火矫正法，并辅用千斤顶进行顶压，变形是可以矫平的。

(2) 整体横向弯曲的修复。当门叶横向弯曲变形超标时，可将门叶凸出面朝上平放，两端部支垫，中间悬空，如图 4-19 所示，用火焰在上表面呈线状加热，并在主梁的上翼缘附近的腹板呈三角形加热，还可以在门叶的中部压上重物，利用加热后的收缩和重量矫正变形。

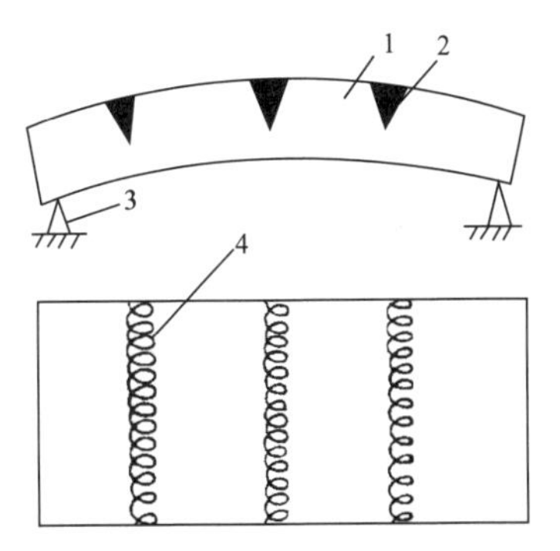

图 4-19　门叶整体横向弯曲的修复

1—门叶；2—三角形加热；3—支垫；4—表面加热

(3) 门叶扭曲的修复。门叶扭曲值超标，可用机械力强制顶压进行修复或火焰加热加机械力顶压同时进行修复。

如果有条件，可设专用矫正平台，用油压机(或其他形式的压力机)进行矫正，不但效果好、速度好，且易于掌握。

用机械力进行矫正修复时，值得注意的是要掌握好卸去外力后门叶的回弹量。如果矫正过量，回弹小，则会出现反向变形。所以，一般难于一次矫正合格，可分步矫正直至合格。

用火焰加热矫正扭曲变形也是可行的。由于火焰加热时其横向收缩变形大于纵向收缩变形，所以，将门叶平放平台上呈自由状态，支垫起向下的两对角，沿上翘的两对角方向呈线状加热。加热一遍，检查一次，直至合格。注意不要在一条线上重复加热，可在平行线上加热，见图 4-20。

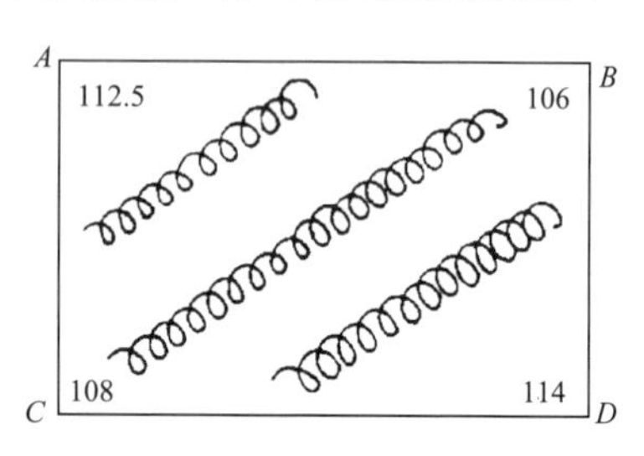

图 4-20　火焰法矫正门叶扭曲

当门叶扭曲较大时，可用火焰加热与机械力顶压配合进行矫正，一般是可以达到矫正目的的。

(4) 门叶局部不平的矫正。门叶的面板、腹板等在焊接之后可能出现局部的凸凹不平(俗称鼓包)，这种局部不平超过规定值时，也要进行矫平。图 4-21 表示面板的下凹变形。此时可用线状加热立板凸起的部分，利用加热后产生的角变形使下凹的面板恢复平整。对于腹板上出现的鼓包，从凸起

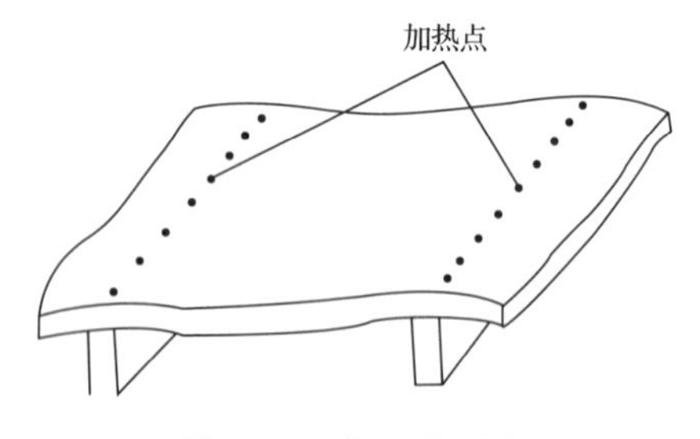

图 4-21　面板不平的火焰

部分的侧边平的地方开始进行线状加热，逐步向凸起中心围拢，直至矫平。注意不能从凸起中心开始加热，这样达不到预期的效果。

七、平面钢闸门的厂内整体预组装

由于每扇平面闸门沿高度方向分节，单节门叶加工合格后，要进行整扇闸门的预组装。

预组装的目的，就是将分开制造的门叶，按一扇闸门的设计要求组装成整体，以满足几何形状、几何尺寸和变形允许值的要求；同时，在预组装中还要进行起吊装置、主支承装置、反向支承装置、侧向支承装置及充水装置等的整体预组装。

1. 搭设预组装平台

组装平台只要平行、等高地搭设两条即可。平台的相对高度一般为 0.6～0.8m，平台的跨度 L 必须保证闸门正、反两面都能进行组装。平台的长度根据组装单元而定，平台长度应大于组装单元长度 3m 左右。当一扇闸门高度过大时，可分为两个组装单元（即两大节，每大节包括 2～3 小节门叶）。闸门总高不太大时，一般就不分大节，一次组装一扇闸门。

组装平台要求有足够的强度和刚度，除了承受闸门的重量外，还要能承受闸门移动调整时的千斤顶的压力，以及闸门组装完后立门时的局部过大的压力。平台的顶面不平度控制在 5mm 之内。组装平台见图 4-22。

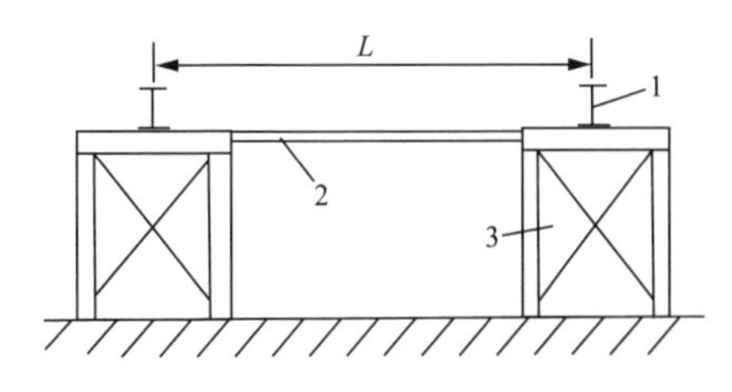

图 4-22　组装平台结构示意图

1—轨道钢；2—连系杆；3—支墩

2. 闸门组装

（1）门节组合的选择。在闸门制造中，相同规格的闸门一般有多扇，因此相同规格的小节门叶也就有多节。这就存在一个用哪几节门叶组合为一扇闸门的问题。在门叶制造完毕后，都存在有变形、误差，各小节门叶的变形、误差又各不相同。如门叶的长、宽、高、对角线长、扭曲、跨度等，各小节门叶检查的结果都不一致。

在闸门组装时，应选择边梁跨距、门叶厚度相等或接近，以及各小节门叶高度相加等于或接近设计高度的那些小节门叶组合为一扇闸门。

如果只生产一扇闸门，各规格的门叶只有一节，就不存在选择的问题。

（2）中心线和对角线的调整。将选择好的各节门叶按顺序吊放于平台上，使面板朝上。首先调整各节门叶的中心线在一条直线上，使其组合外的错位不大于2.0mm，组装时安装位置的间隙不大于4.0mm。中心线和间隙调整好之后，再检查总对角线长度，要求两对角线长度差不超过允许值。若超过允许值，可适当调整各节间的间隙，使间隙一端大一端小，以满足对角线的要求。合格后在每条间隙的两端点焊定位挡板，防止已调整好的中心线及对角线发生变化，如图4-23所示。

（3）闸门调水平。以每小节门叶边梁中心的两端定点，作为调平的基准点，每节门叶四点。架立水准仪，用千斤顶、楔子板等将各节门叶调在同一水平上，误差不超过允许值，在边梁处的面板错位不超过2mm。

在调平过程中会遇到门叶扭曲对闸门调平的影响问题。若门叶扭曲过大，应先矫正再进行组装。若扭曲值在规定之内，或超差很小，可将门叶的扭曲值上下左右均匀分布，使整扇闸门的不平度尽可能最小。

在闸门调平中，应尽量使面板调平，各节门叶在厚度上的误差集中到背面去。这样，面板比较平整，对水封座的组装有利，而集中到背面的误差，由滑道或主轮装置来补偿调整。

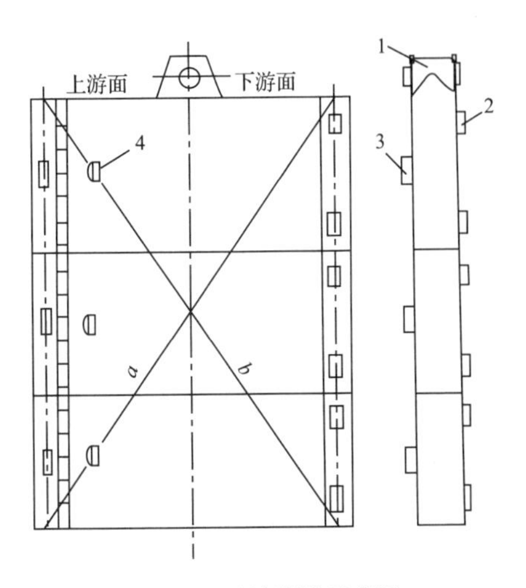

图 4-23 闸门拼装示意图

1—吊头;2—主支承装置(滑道);3—反向支承装置;4—侧向支承装置

值得注意的是,一扇闸门由几小节门叶(如三小节门叶)组成时,上、中、下三节门叶的扭曲方向应两两相反,这样可以保证整扇闸门的扭曲值为最小。如果三小节门叶的扭曲方向相同,则在保证调平的情况下,整扇闸门的扭曲值会增大,并且总是大于各小节门叶的扭曲值。如图 4-24 所示,三小节门叶的扭曲均为 4mm 是合格的。如果按(a)图组合,各节门叶的扭曲方向相同,在要保证面板接缝错牙不超过 1mm 的条件下,不论怎样调整,整扇闸门的扭曲值和面板不平度总大于 4mm,虽然各节门叶是合格的,但整扇闸门是不合格的。若如(b)图,各节门叶的扭曲也是 4mm,由于扭曲方向相反,组装起来后,整体扭曲和面板不平度仍为 4mm,且接缝错牙为零,这样,整体质量较好。

(4) 质检和标记。整体组装完后,要进行质量检查。检查内容包括扭曲、直线度(沿两边梁中心线检查)、组合处的错位、对角线长度、整体高度、两边梁中心跨距、安装位置的间隙等。检查合格之后做出记录。

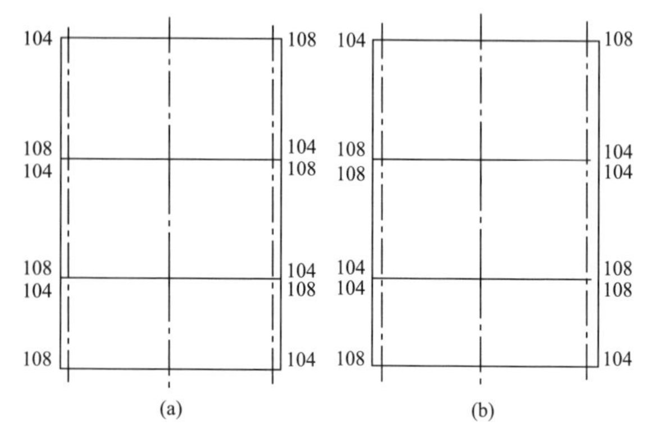

图 4-24 闸门扭曲调整

由于小节门叶是运输单元，组装合格后并不焊接成整体。但已组装好的闸门为了方便安装现场的再组装，应做出标记并进行可靠的定位。

如图 4-25 所示，在两边梁中心线的面板上打上规定距离(如 100mm)的两个冲眼，并用铅油对这些冲眼做出明确的标记。

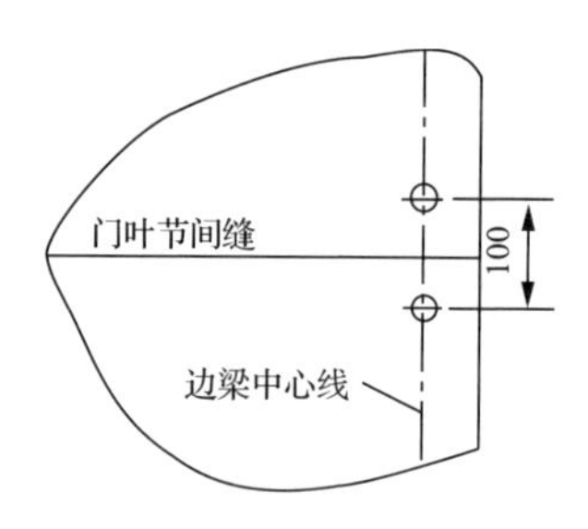

图 4-25 门叶定位标记

所谓定位就是把已经组装合格的各节门叶之间相互位置关系用定位板的方法固定下来，如图 4-26 所示。在两边梁接缝处的面板上，边梁腹板上，边梁后翼缘上分别点焊定位板。此外，在每小节门叶的固定位置用钢印打上门叶的编号，并用油漆作上明显标记。

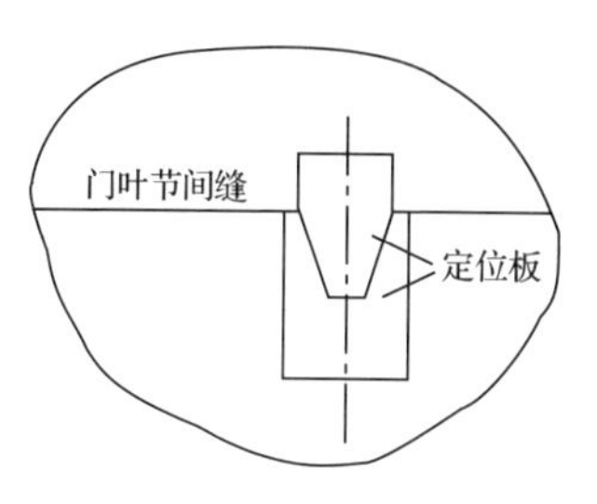

图 4-26　门叶节间定位板

3. 闸门附件组装

平面闸门的附件包括吊头、侧向装置、反向装置、止水装置、支承装置(滑道或主轮)及充水装置等。由于闸门仍要以小节为单位运到现场,这些附件到现场进行组装。对于几何尺寸和重量较小的闸门,若运输条件允许,可在厂内整体制造并组装附件,整体运到现场安装。

第二节　弧形钢闸门的制造

一、概述

弧形闸门是水利水电工程中广泛应用的门型之一。它具有结构简单、所需闸墩的高度和厚度较小、没有影响水流流态的门槽,启闭力小、操作方便、埋件少等优点。但同时又有所需闸墩较长、无互换性、不能提出空口以上进行检修、总水压力集中于支座处,对土建结构不利等缺点。这种门型常用于水工建筑物上作为工作闸门。

弧形闸门有露顶式和潜孔式两种。露顶式弧门的门顶露出上游水位以上,没有顶止水,只有侧止水和底止水,面板曲率半径 R 一般取门高的 1.0～1.5 倍。潜孔式弧门有顶止水,顶止水与门楣接触,它与侧止水、底止水形成封闭的“□”型止水。面板曲率半径可取门高的 1.1～2.2 倍。弧门支铰一般布置在下游侧,其高程要考虑到不受水流和漂浮物冲击的影响。露顶式弧门如图 4-27 所示。

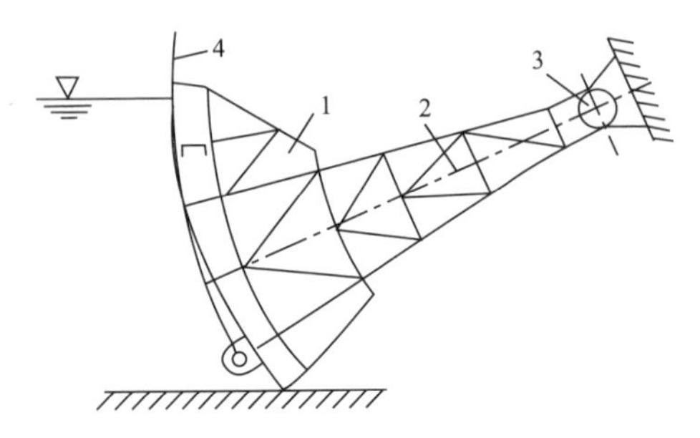

图 4-27　露顶式弧形闸门

1—门叶；2—支臂；3—支铰；4—启闭钢绳

弧形闸门主要由门叶、支臂和支铰三大部分组成。闸门在结构上必须具有足够的强度和整体的刚度，并具有良好的工艺性，方便制造、运输、安装、防锈蚀和检修，并尽可能节省钢材。按主梁布置方式的不同，弧门可分为主横梁式和主纵梁式。梁系的连接形式又分为同层连接（等高连接）和层叠连接（非等高连接）等形式。目前常选用的有主横梁同层布置、主纵梁层叠布置和主纵梁同层布置三种形式。

主横梁同层布置的型式见图 4-28 所示，由水平次梁、垂直次梁（大隔板）和主横梁共同组成梁格。梁格的长短边比例一般为 1.5～3.0，且长边与主梁的轴线方向相同，面板支承在梁格上并与梁格焊接成整体，支臂与主横梁用螺栓连接

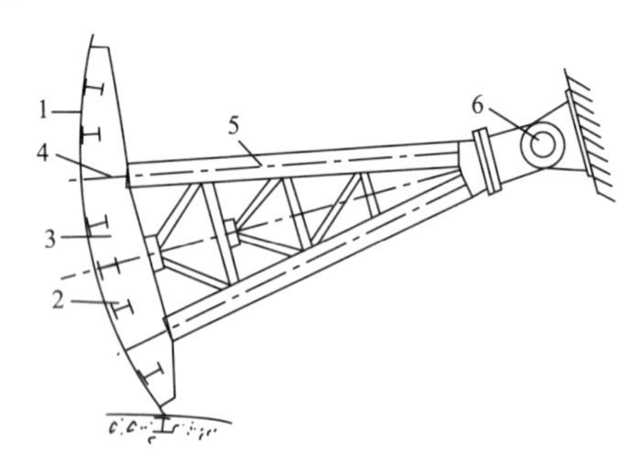

图 4-28　主横梁同层布置

1—面板；2—水平次梁；3—隔板；4—主横梁；5—支臂；6—支铰

而构成刚性主框架。这种结构的优点在于整体刚性好，结构简单，适用于宽高比比较大的孔口。

主纵梁层叠布置如图 4-29 所示，水平次梁与垂直次梁组成梁格，面板支承在梁格上且与梁格焊成整体。梁格与两条主纵梁相连，主纵梁再与支臂以螺栓连接而组成主框架。这种结构的特点是便于分段，安装拼门简便，但梁系的连接高度增大了，且整体刚性不如同层布置好。这种结构形式适用于宽高比比较小的场合。

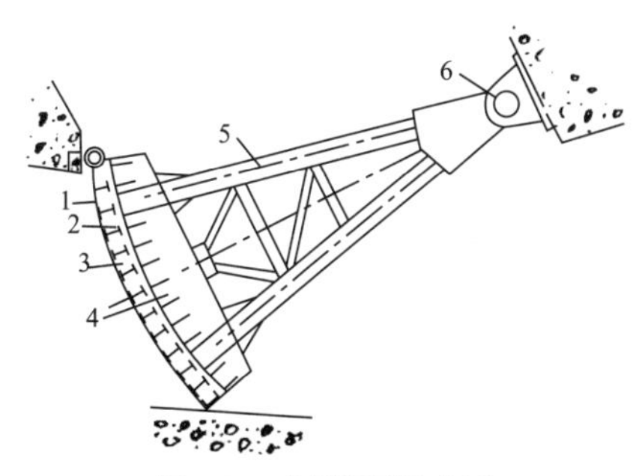

图 4-29　主纵梁层叠布置

1—面板；2—水平次梁；3—垂直次梁；4—主纵梁；5—支臂；6—支铰

主纵梁同层布置如图 4-30 所示，两根主纵梁与多根垂直次梁平行且前端（与面板连接端）平齐，并与面板焊成整体。

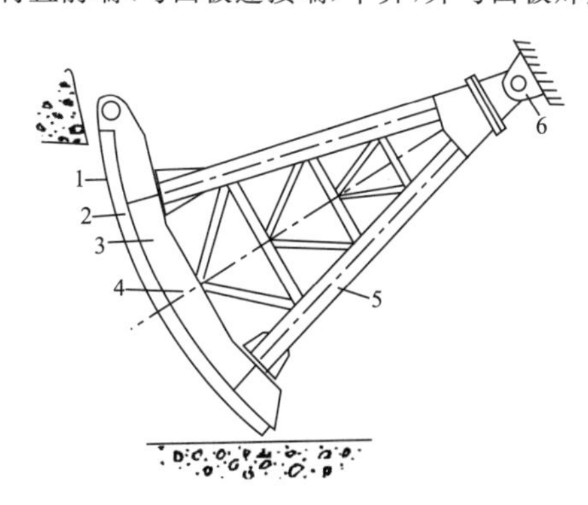

图 4-30　主纵梁同层布置

1—面板；2—垂直次梁；3—主纵梁；4—横梁；5—支臂；6—支铰

横梁支承在垂直次梁上，其后端与主纵梁齐平。主纵梁与支臂用螺栓连接而成为主框架。其特点是面板直接参与主纵梁的工作，降低了梁格的高度而增加了整体的刚度。但主纵梁的制造加工要求较高，安装拼门较困难。适用于宽高比比较小的弧门。

主横梁式弧形闸门的支臂与主横梁组成框架有三种型式，如图 4-31 所示。其中，Ⅰ型框架结构简单，且由于主横梁的悬臂部分的负弯矩而减小了跨中的正弯矩，从而用钢较省。但需要特定的土建支承条件，如露顶式弧门要增设支承闸墩或支承横梁，这就增加了土建工程量。不过，在潜孔式孔口上则提供了天然的支承条件，因而应用较多。

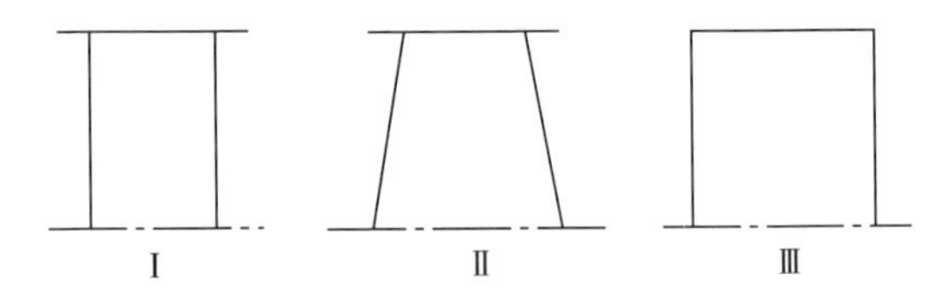

图 4-31　主横梁式弧门的主框架型式

Ⅱ型框架，斜支臂支承在闸墩的牛腿上，既具有Ⅰ型框架的优点，又不增设支承结构，这是其有利的一面。但斜支臂在工作中产生侧向推力，支臂和支铰的几何关系较为复杂，给制造和安装增加了一定的难度。这种型式多用于大跨度弧门。

Ⅲ型框架结构简单，制造安装方便，但由于跨中弯矩较大，因而用钢材较多，只在闸孔空间受到限制时应用。

主横梁式弧形闸门多采用双主梁布置，每侧支臂的肢数与主横梁数相同。双主梁为等荷布置，两根主梁之间的距离要满足制造、运输和安装的要求。随着大型水利水电工程的日益增多，门高增大，三支臂及多支臂的弧门也有所应用。

支臂与主横梁的连接要求具有足够的强度、刚度和可靠性。连接的方法有焊接和螺栓连接两种，见图 4-32。焊接连接由于其不可拆性及其安装定位不方便而一般不再使用。

螺栓连接则无上述不足，而且利用抗剪板承受连接部位的横向剪力，使得螺栓只承受弯矩产生的拉力，可大大减小螺栓尺寸且工作安全可靠，所以这种连接方法应用较广。

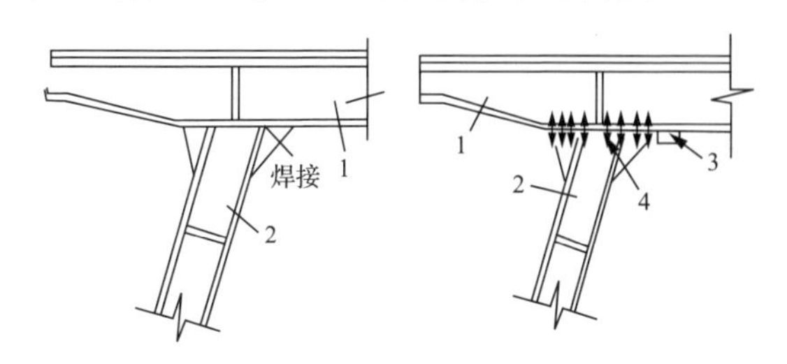

图 4-32　弧门支臂与主横梁连接型式

1—主横梁；2—支臂；3—抗剪板；4—连接螺栓

二、弧门制造的准备工作

弧形钢闸门技术要求较高，制造工艺较为复杂。施工准备工作包括场地、设备及材料的准备；已加工好的零部件要进行复检；弧形切割轨道的制作；放样平台、门叶拼装弧形台及总体预组装台的搭设等。

1. 场地布置

弧形闸门制作场地包括零部件制作场地、门叶拼焊场地和总体预组装场地。与平面钢闸门相比，弧门有其特殊性，它的面板、大隔板、边梁等呈弧形，这些部件的加工制造就有特殊的要求。

零部件的制作场地应安排在车间内。应将钢板、型钢的矫正，放样下料，刨边加工，面板卷弧，零部件的对装、焊接，零部件的矫正等工序布置成作业线。

闸门的弧形件、卷弧用的样板、下料用的弧形轨道等都需放大样，因此车间要有足够大的放样平台，其大小可根据弧门的规模而定，最大尺寸最好按弧门曲率半径确定。平台表面要水平且光滑平整，结构上要有足够的强度和刚度。

门叶拼装和总体预组装场地可视弧门大小而定，较小的弧门，场地布置在厂房内则比较方便，对于大型弧门则一般布置在露天。

弧形闸门的露天拼装场地与平面闸门的露天拼装场地相比，两者的基本要求是相同的。由于弧形闸门的特殊性，拼焊台要根据曲率半径搭设成弧形的，总体预组装台要考虑门叶、支臂、支铰的组合等。

2. 门叶拼焊弧形台

在弧形闸门的制造中，门叶一般采用卧式拼装法，即面板的凹面朝上，梁系在其上的拼装方法。因此，使用这种拼装方法，毫无例外地需要搭设弧形拼焊台。

(1) 弧形台的曲率半径问题。搭设拼焊弧形台首先遇到的就是曲率半径问题。众多弧门制造单位的实践表明，弧门在制造焊接过程中，不仅与平面闸门一样存在纵向的和横向的收缩变形，而且还存在沿径向的收缩变形，使得弧门在拼装焊接之后，曲率半径发生变化。因此，搭设弧形台必须考虑这一因素的影响，使制造出来的弧门的曲率半径符合规范的要求。

弧门在拼装焊接后，其曲率增大、曲率半径都是减小的。其减小量 ΔR 的大小，与弧形面板的弧长 S 及弧门的曲率半径 R 有关。一般在面板弧长两端沿径向的收缩变形量 Δ 为面板弧长的 0.4/1000～0.5/1000，如图 4-33 所示。

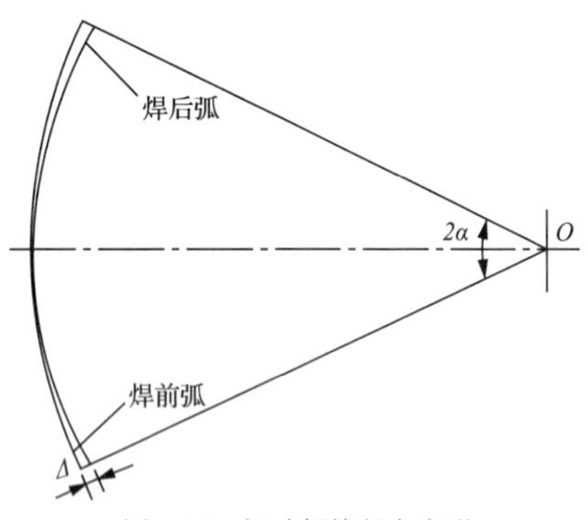

图 4-33　门叶焊接径向变形

1）弧形台曲率半径计算式：如前所述，由于弧门焊接的径向收缩变形，使得变形后的曲率半径小于变形前的曲率半径。为了使焊接后的曲率半径符合设计要求，则放样下料、拼焊台等的曲率半径均要放大，下面是求取放大的曲率半径R'的计算公式。

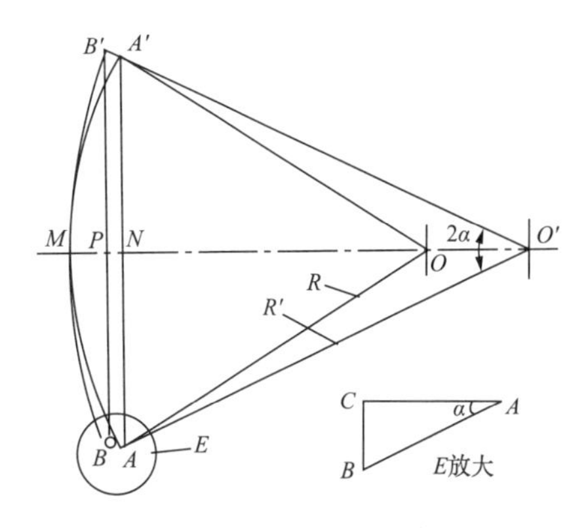

图 4-34　放大样曲率半径R'的计算

如图 4-34 所示，设：

$\widehat{AMA'}$为所设计的面板弧长；$\overline{OA}=R$为设计曲率半径；2α为面板弧长所对的圆心角；$\overline{MN}$为设计弧的矢高。

现将$\overline{OA}$沿径向延长Δ得B'点，用B、O、B'三点共圆法得到另一曲率中心O'点，设：$\overline{O'B}=R'$为放大的曲率半径；$\widehat{BMB'}$为放大的弧长；$\overline{MP}$为放大弧长的矢高。

因为Δ与设计曲率半径R相比非常小，一般为1/3000～1/2000，与设计面板弧长$\widehat{AMA'}$相比也非常小，约为 1/2000，因此，可以认为$\widehat{AMA'}\approx\widehat{BMB'}$，并认为$A$和$A'$点既在$\overline{OB'}$($OB$)线上，又在$\overline{OA'}$($OA$)线上。这样，由图中的几何关系可知：

$$(R')^2=(O'P)^2+(PB)^2$$
$$=(O'M-PM)^2+(NA+BC)^2$$

式中：$O'M=R'$

$PM=NM-NP=R-R\cdot\cos\alpha-\Delta\cdot\cos\alpha$

$NA=R\cdot\sin\alpha$

$$BC=\Delta \cdot \sin\alpha$$

代入式(4-7)得

$$R=\frac{[R-(R+\Delta)\cos\alpha]^2+(R+\Delta)^2\cdot\sin^2\alpha}{2[R-(R+\Delta)\cos\alpha]} \quad (4\text{-}7)$$

根据此式,已知设计曲率半径 R、圆心角 2α 及变形尺寸 Δ,可求得放大的曲率半径 R'。这其中的关键是 Δ 的选择是否合理,各制造厂可根据自己的经验适当选取,使闸门焊接后的曲率半径符合设计和规范要求。

2) 用现场放大样法求曲率半径 R':仍如图 4-34 所示,在放样平台上首先定出中心 O 点,放出设计弧 $\widehat{AMA'}$ 的大样,使 $\widehat{AMA'}$ 等于弧长,$\overline{AA'}$ 等于设计弦长,2α 等于设计圆心角。再沿径向放大 Δ 分别得到 B 点和 B' 点,利用 B、M、B' 三点共圆法求得 O' 点,则 $O'B$ 即为放大的曲率半径。大样放出后,量取弦长 $\overline{BB'}=C$,矢高 $\overline{MP}=h$,则有

$$(R')^2=(R'-h)^2+\left(\frac{C}{2}\right)^2$$

即

$$R'=\frac{4h^2+c^2}{8h} \quad (4\text{-}8)$$

求得了放大的曲率半径 R',则弧形台的曲率半径按 R' 施工搭设。

(2) 弧形台的结构形式。弧形台的结构形式,根据曲率半径是否可调而分为可调弧形台和固定弧形。图 4-35 是钢结构式固定弧形台,基础部分浇混凝土并在表面预埋基础钢板,钢板带锚筋。型钢制作的立柱焊牢在钢板上,各立柱之间加焊纵横向的连接角钢,以增强整体稳定性和刚度。在等高立柱顶水平焊接轨道钢(或型钢),卷成弧形的角钢(或工字钢)焊在水平的轨道钢上。弧形角钢按放大曲率半径 R' 卷弧,安装调整焊接时,根据半径 R' 用坐标法控制其弧度,用水准仪进行测控。弧形角钢的间距按面板下料宽度而定,考虑每条面板有两条角钢支撑,角钢要错开面板纵缝,以方便其焊接。这种弧形台的稳定性和刚性均较好,面板下的空间

大、方便施工，但耗用钢材较多，且曲率半径不可调整。这种弧形台适合于同一种型号弧门的批量生产。

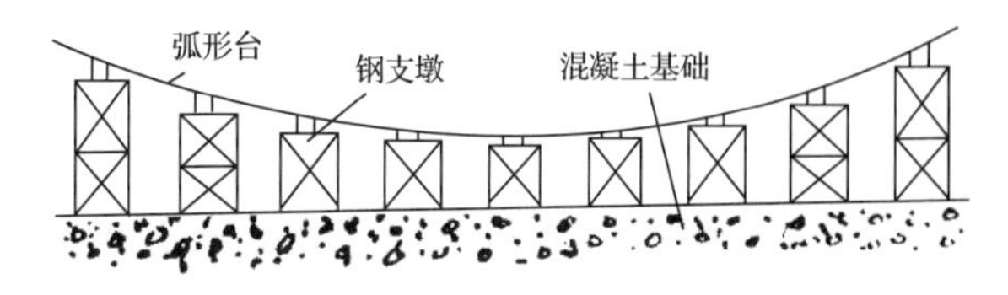

图 4-35　钢立柱固定式弧形台

可调试弧形台与固定式弧形台的基本结构相同，只是在立柱顶固定简易的螺旋千斤顶，千斤顶上支承台架。利用千斤顶即可按要求改变弧形台的半径 R'。因此，这种结构的弧形台机动灵活，调整方便，多种不同弧度的闸门可以共用一个弧形台。这对于专业厂制造不同型号弧门是有利的。

3. 总体预组装平台

由于运输条件的限制，大型弧门的门叶、支臂也要分节制造。按规定，分节制造的弧门在出厂之前，必须进行总体预组装。整体组装的目的：①检查各制造单元的质量是否合格。对于不合格者，要在厂内处理好。②按整体组装的质量要求进行调整、修正，以保证闸门组合整体质量合格。③给现场安装提供有关技术数据以及现场再组装的控制点、控制线和定位板等。

整体组装的方法可以有两种。其一，门叶卧式组装法。此种方法门叶凹面朝上平卧拼焊弧形台上，调整好几何尺寸、接缝、扭曲等，进行临时性加固，以保证整体刚度、避免组装其他部件时变形。之后，立式组装支臂、支铰等。这种方法，门叶平卧，总体重心低，调整方便，不需另外搭设整体组装平台。但是，由于支臂和支铰要立装，高空作业，需要搭高的排架，支臂、支铰调整困难，特别两支铰的同心度要求较高，在空中调整特别困难。因此，一般都不采用这种方法。其二，门叶立式组装法，如图 4-36 所示。这种方法支臂的下肢水平放置，门叶立起，由于门叶立起重心高，安全特别重要。但支臂和支铰的位置低，调整方便，空中作业少，因此一般均采用这种方法。

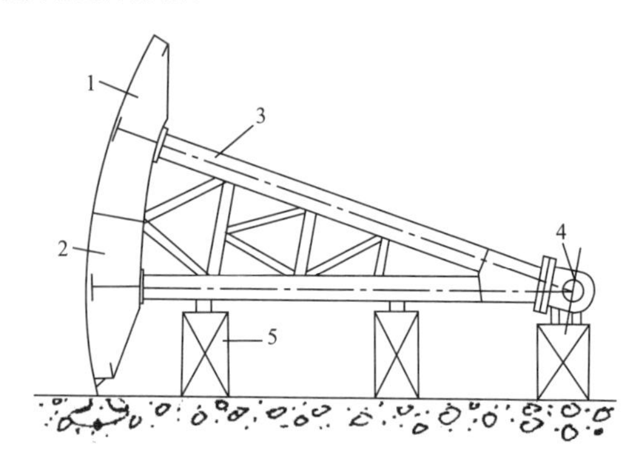

图 4-36 门叶立式组装法

1—上节门叶；2—下节门叶；3—支臂；4—支铰；5—支墩

立式组装法要求另外搭设专用组装平台。如图 4-37 所示，在地面放出组装平台的 $x-x$ 和 $y-y$ 线，根据支铰的设计跨距 $L=2L_1$，定出支铰支墩的位置，每条支臂布置 2～3 个支墩，再根据支铰中心高程、门叶水平垫板高程及面板曲率半径 R 定出面板底缘定位线 y_1-y_1，如图 4-38 所示。

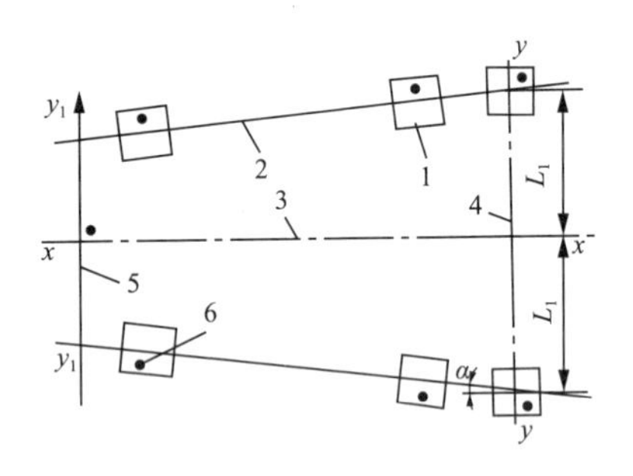

图 4-37 整体组装控制线及高程点

1—支墩；2—支臂中心线；3—弧门中心线；4—支铰中心线；5—面板外缘与底坎交线；6—高程点

支墩用混凝土结构（或钢结构），顶面预埋钢板，以便支

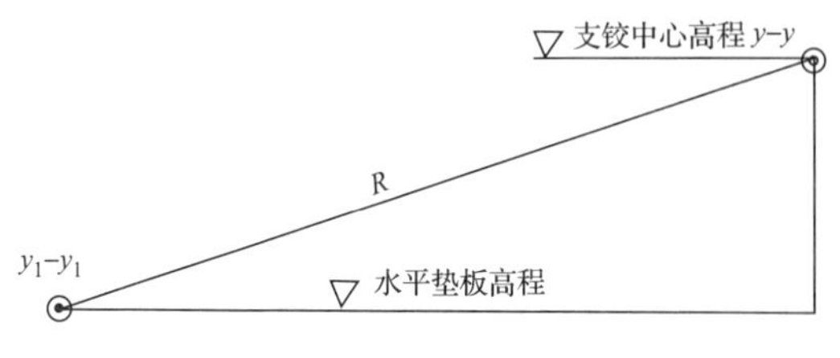

图 4-38 垫板与支铰中心高程

臂调整固定之用。支墩顶面高程，由支臂下肢水平放置并留一定的调整余量(约为 50mm)决定。门叶底缘的水平垫板相当于弧门工作中的底坎，有一定强度和水平度的要求，可用较厚的钢板经刨削加工，先安装找正找平并加固，后浇混凝土的办法埋设。

在弧形闸门的制造安装中，有时制造和安装是同一个单位的同一批人员，为了加快工期，节省投资，不进行厂内整体预组装，将各节门叶、支臂、支铰等直接运到现场安装。制作中存在的问题，在现场安装中进行处理。实践证明，这种方法也能满足质量要求。

三、弧门主要零部件的制造

弧形闸门与平面闸门相比，它们的零部件的制造有许多共同点，也有不同之处。主要不同之处在于弧门弧形件的制造。这些弧形件有的用卷板机卷成，有的下料成弧形，它们都是弧门的主要零部件。下面分别介绍。

1. 弧门面板的制造

弧形闸门面板的面积一般较大，由多块钢板拼焊而成。与平面闸门类似，首先要进行拼板设计。拼板原则和要求与平面闸门基本相同，但也有弧门的一些特殊要求。由于面板有一定的弧度，必须经过卷板工序，因此钢板长度方向应为垂直布置。

大型弧门面板厚度一般都在 10mm 以上，必须开坡口。对于较薄的面板，可以开单面 V 型坡口；对于较厚的面板，可以开双面不对称的 V 型坡口，如图 4-39 所示。也可以开其他型式的坡口，可根据板厚和开坡口的条件而定。

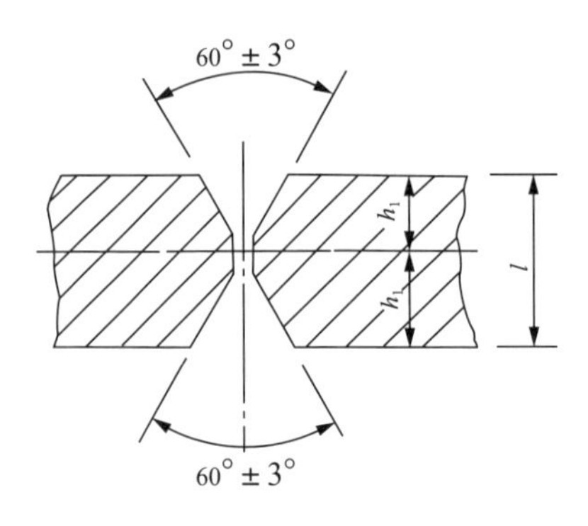

图 4-39　双面不对称 V 型坡口

面板卷弧在卷板机上进行。检查样板的曲率半径要按面板内表面放大的曲率半径制作，弧线的线轮廓控制在 0.3mm 以内，样板不宜过小，要求弦长在 1.5m 以上，减小弧度误差。

面板拼焊在弧形台上进行。首先要检查弧形台的质量，弧度用(1/5～1/4)R'长的弧形样板检查合格，对角扭曲在允许范围之内，结构符合设计要求，刚度、稳定性足够。

根据面板拼板图的编号，逐块地将卷弧合格的面板吊放在弧形台上，根据门叶中心线及放好的大样图，调整好面板的位置，就可以逐条对接缝拼对点焊。拼对顺序：各节门叶先拼水平的短横缝，再拼较长的纵缝，最后各节门叶的节间分缝也拼对点焊，但不焊接，待整扇弧门拼装焊接结束后，再将节间分缝的点焊割开。

整扇弧门的面板拼对点焊之后，必须进行质量检查。检查内容包括：中心线、门宽、弧长、弦长、弦高、对角线长、扭曲、错牙、焊缝间隙、点焊长度等，并用(1/5～1/4)R'长的样板检查各部位的弧度。其中，对于小型弧门扭曲和弦高的检查用拉线的方法进行，基本上能满足要求；但对于大型弧门，拉线检查方法的误差较大，可以用水准仪测高并配合计算的方法进行检查。

经检查合格的面板，方可交焊接工序进行面板的焊接。当然，焊接之前，负责的技术人员要制定出合格的焊接工艺卡，并向施焊人员交底。焊接工艺卡的内容较多，要求很详细。在此只以较厚面板开不对称V型坡口为例，说明面板的焊接程序。①先背缝封底，从中间向外焊，8名焊工(也可以6名或4名)均匀分布，先焊短横向对接缝，后焊较长的纵缝。每条焊缝采用间跳焊接法。②内弧对接焊缝同时用两台电弧气刨清根，将所有缺陷及未焊透的全部清除。③8名焊工对称分布，从中间向外焊接。以一个台班全部焊完较好(节间分缝不焊)。焊缝要求均匀美观，呈鱼鳞状，加强高度在1～2mm之间为宜。④未焊满的背焊缝(即外弧焊缝)，待门叶整体焊接成型并经检查合格后，再将门叶板面进行平焊作业为宜。因为外弧焊缝要求美观，仰焊作业困难。全部焊完之后，要进行焊缝的外观和无损探伤检查，不合格焊缝按要求进行处理。

2. 弧门边梁的制造

弧门的边梁，包括其腹板和翼缘板，都要以面板外缘放大的曲率半径R'为基准，求得相应的曲率半径。腹板的两边是弧线，一边是内弧，一边是外弧。此两弧线的关系，是以边梁高H为距离的同心圆的等距弧线。

边梁腹板的画线下料，可以有两种方法。第一种方法为样板法，即在放样平台上放出腹板的大样，根据大样，做出准确的样板，再用样板直接在钢板上画线下料。这种方法准确、方便、效率高，易于在钢板上进行排料，材料的利用率高，特别适合批量下料。第二种方法为坐标法，如图4-40所示，去x—y坐标，外弧中点与坐标原点重合，根据几何关系$y=R_{外}-\sqrt{R_{外}{}^2-x^2}$，将横坐标$x$每距100mm取一点，计算出相应的$y$值，如表4-7所示。根据一系列的$x$和$y$值，在坐标上描出相应的点，在负$x$方向与正$x$方向相对应描点(与$y$轴对称)，再用1m的钢尺侧向弯曲，将所有点连成光滑的曲线即可。内弧可用同样方法画出。

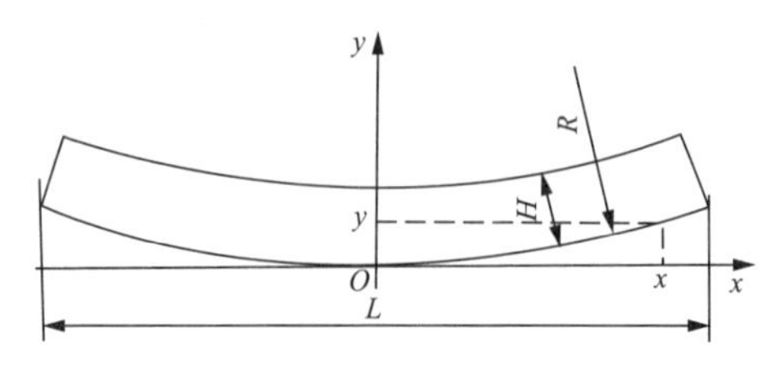

图 4-40　边梁腹板坐标计算法

表 4-7　　弧形边线坐标计算表

x/mm	x^2	$\sqrt{R^2-x^2}$	$y=R-\sqrt{R^2-x^2}$
100			
200			
⋮			

腹板弧线的下料要求准确,可用弧形轨道自动切割机下料,亦可用数控切割机下料。要保证下料的质量,弧形轨道是关键。轨道与切割弧线也是等距的同心圆弧线。轨道要求加工准确。为了一轨多用,有的将轨道制成可调弧度的,根据下料弧线进行调整。

边梁翼缘板的弧度,要求与腹板的弧度相配合。卷弧时,要求用 1.5m 以上的样板检查,方法与面板卷弧相同。

腹板与翼缘板的对装,其方法与工字梁对装方法相同,只不过要使用弧形对装胎具,如图 4-41 所示。

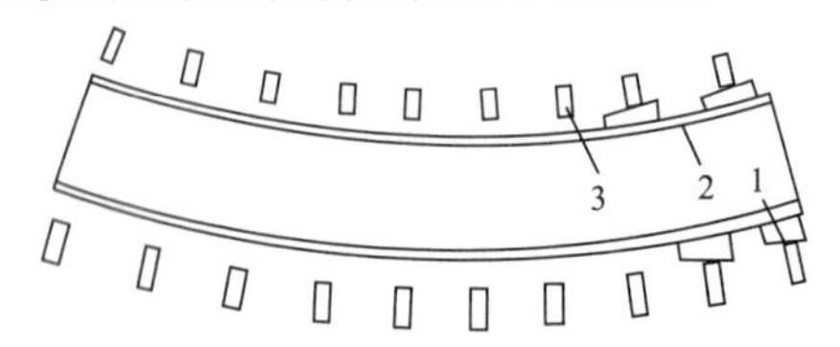

图 4-41　边梁对接平台

1—楔子板;2—边梁翼缘板;3—码子

3. 大隔板(即纵梁)的制造

隔板在整扇弧门上即起到纵梁的作用,同时,其外弧又将决定弧门面板的弧度。在门叶拼装过程中,面板内弧与隔板的外弧是靠紧的,所以隔板是很重要的构件。隔板的画线下料仍可用样板法和坐标法。外弧用自动切割机或数控切割机下料,由于目前尚无较好的设备对外弧(特别是半径较大的外弧)进行机加工,因此要求外弧下料准确。其余三条直线边,在画线时要留出刨边余量,并用样冲打出检查线,用刨边机刨边,如图 4-42 所示。

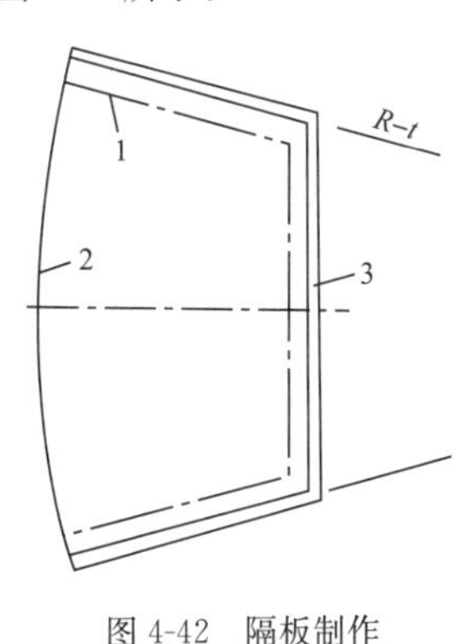

图 4-42　隔板制作

1—检查线;2—外弧线;3—刨边余量 3～5mm

四、门叶的拼装与焊接

门叶拼装之前,面板内弧对接缝全部焊接完毕,经检查合格;各种构件经检查合格后,方可进行门叶拼装。

首先,根据设计图纸在面板的内弧面放样。放出各主梁、水平次梁、隔板等的中心线和位置边线(注意:不能只放出各梁及隔板的中心线,以免拼装时各构件将线遮住而无法对接)。放样要注意加上焊接收缩余量,按 1/1000 考虑。先放出门叶中心线,再用水准仪配合,放出各构件中心线和位置边线。放样经检查合格,打上样冲眼,用油漆做出明显标记。根据所放出的大样,与各构件重合的部分焊缝的加强高度均要磨平,以便接缝紧密。

门叶拼装如图 4-43 所示，拼装顺序和平面闸门大体相同。

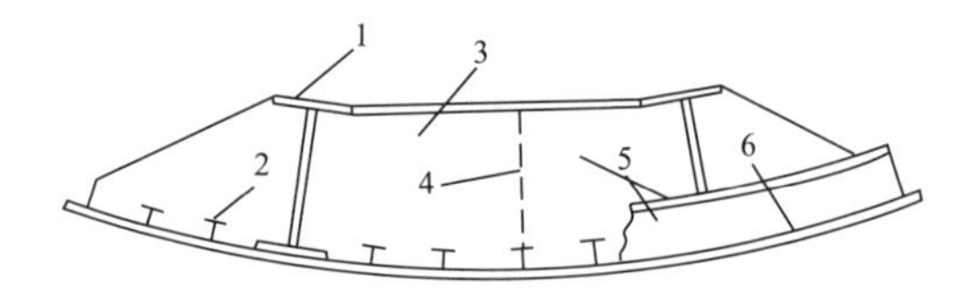

图 4-43 弧门门叶拼装图

1—主横梁；2—水平次梁；3—隔板；4—对接缝；5—边梁；6—面板

为保证弧门的质量，拼装过程中应注意这样几个问题：①各拼接缝要顶紧，不留间隙、局部间隙不超过 1mm。②各构件最好是在自由状态下进行拼装，有时允许正常的、力量不大的顶和拉，但要防止强行顶拉造成过大的内应力。如果拼装中发生错位较大，则不能强行顶和拉，此时应找出错位的原因，从而采取相应措施进行处理。③拼装隔板时，面板内弧面应向隔板的弧形边靠拢，而主横梁的腹板要向隔板的直线边靠拢，并且不准用割枪修割隔板。④装各筋板，既要保证垂直度(既相互垂直)，又要保证顶紧。

门叶整体拼装完，按规范要求及设计资料进行检查，合格后做出焊接前的拼装记录。

参加门叶焊接的焊工必须持有有关部门颁发的合格证书。拼装过程中点焊所使用的焊条，应与正式焊接时所使用的焊条牌号一致，并遵守相同的焊接工艺规程。如果拼装点焊不足，则应进行整体焊接前的加固性点焊，以避免焊接时的内应力将点焊拉裂，造成过大变形。门叶的焊接顺序，各厂家不尽相同，但原则是一致的，即先立焊，后平焊及分区对称焊接，从内向外，尽可能减小变形。图 4-44 为某弧门焊接顺序图。①焊接隔板后翼缘与主梁后翼缘平缝及隔板腹板与主梁后翼缘角缝。②焊主梁与隔板立缝。根据大横梁的数量可使用不同的焊工数。对于有两根主横梁的弧门，可安排 4 名焊工，分别代号 A、B、C、D。1、2、3、4 为焊接顺序，由内向外进行焊接。角焊缝可根据焊高要求而分层施焊。第一层可用分段退步焊法，其余各层则自下而上一次焊完。主焊缝的分段退步焊法，总体是从上往下，而每段则是从下往上，分段长度以两根（或三根）焊条所能焊接的长度为宜。③焊接主横梁与两根边梁连接的角焊缝。仍由4人分区对称焊接，焊接方法与②相同。这样，受热均匀对称，从而减小变形。④焊接隔板的立筋板。焊工可增至8人，仍分区对称施焊，由于主筋板焊缝的高度较小，可用分段退步焊法一次焊成。⑤焊接小横梁与边梁的连接缝、角焊缝、筋板与小横梁的平角缝等。⑥梁系之间的焊缝全部完成，可进行面板与梁系框架连接缝的焊接。其中，先焊主横梁与面板连接的平角缝、隔板与面板之间的平角缝。分区对称、分段退步焊法；次之焊小横梁与面板的平角缝，可用分区跳焊法、分段退步焊法。⑦将门叶翻身，用气刨清根后再焊面板迎水面焊缝。

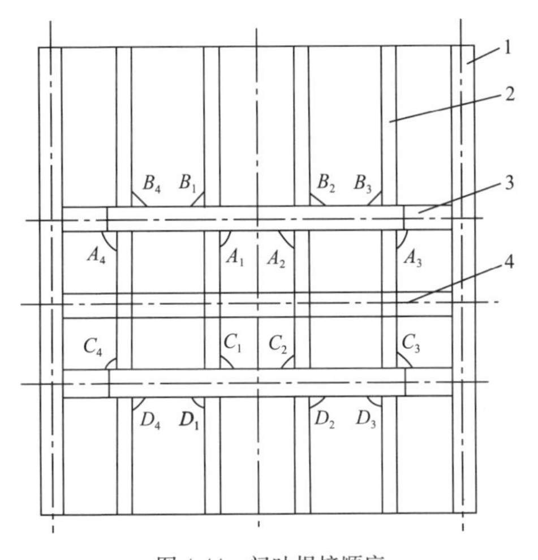

图 4-44　门叶焊接顺序

1—边梁；2—隔板；3—主横梁；4—节间对接缝

为了保证整扇闸门的焊接质量，减少焊接内应力和变形，在焊接过程中要严格按照焊接工艺要求施焊。并有专人对门叶的几何尺寸进行监测，以便随时调整焊接工艺，控制焊接变形。焊接前后对门叶至少要进行三次几何检测：第一次是在焊接之前；第二次是在梁系形成整体刚性框架之后；

第三次是在全部焊接完毕之后。每次检测都要做出完整的记录，以便掌握其中的规律。

门叶经过组装和焊接之后，不产生变形是不可能的，问题在于要人为地控制其变形。或者减少内应力引起的变形；或者使内应力引起的变形相互抵消一部分。门叶变形的大小主要取决于构件加工的质量，拼装方案的正确性和焊接工艺的合理性。通常，门叶的拼装方法，焊接工艺并不是唯一的，在施工过程中，这些也并不是一成不变的，要具体情况具体分析，细心观察，详细记录，经过实践、总结、理论分析、再实践的过程，逐步改进，臻于完善。

弧门门叶在焊接过程中，常见变形及一般处理办法可分为：

(1) 门叶两边梁跨距 L 不符合设计要求。这是较难达到质量要求的项目之一。为此，可从两方面考虑，其一是积累资料、统计分析、掌握焊接的横向收缩变形的规律，预留较准确的横向收缩余量；其二，如果没有充分的把握，也可采用后装边梁法，待梁系框架焊接成型后，再拼装边梁。这种方法简单易行，且能保证质量。

(2) 门叶扭曲。规范对门叶的扭曲有一定的要求，扭曲过大时，使闸门组装困难，工作中止水效果差，对潜孔式弧门甚至无法正常工作。实践表明，产生扭曲有如下可能的原因：其一，胎具本身的扭曲造成门叶的扭曲（这是必须避免的）；其二，胎具地基不结实，受雨天影响，造成不均匀下沉；其三，焊接工艺不合理，或焊接人员不严格遵守工艺规范。这其中的关键是随时观测，发生问题或有出问题的趋势时，及时采取措施。若待全部焊完之后才发现过大的扭曲，再行处理就比较困难。

门叶全部焊完之后，经检测，若扭曲超过标准规定，必须进行处理。矫正方法，与平面闸门相近似，即利用门叶的自重加机械力的办法进行矫正。利用这些方法，一般扭曲是可以矫正过来的。若扭曲超标准很小，在制造过程中也可不必处理，待弧门总组装及安装过程中，适当调整就可消除这些不大的扭曲。若弧门扭曲特大，利用上述方法已无法矫正过来时，则必须慎重从事，提出可靠的处理方案，一般是切开几条对扭曲影响最关键的焊缝，再利用上述矫正方法将扭曲矫正过来，合格后将切开的焊缝按要求重新施焊。

(3) 门叶的横向弯曲变形。由于门叶断面上焊缝分布不均匀，靠面板侧的焊缝众多，背面侧的焊缝少，经过焊接收缩变形，一般情况下会出现面板横向凹进的弯曲变形，如图4-45所示，正向弧门，面板外缘弧面为挡水面，按规范要求，面板应凸向迎水面，所以产生变形方向与规范要求不一致的情况，这对闸门工作是不利的。

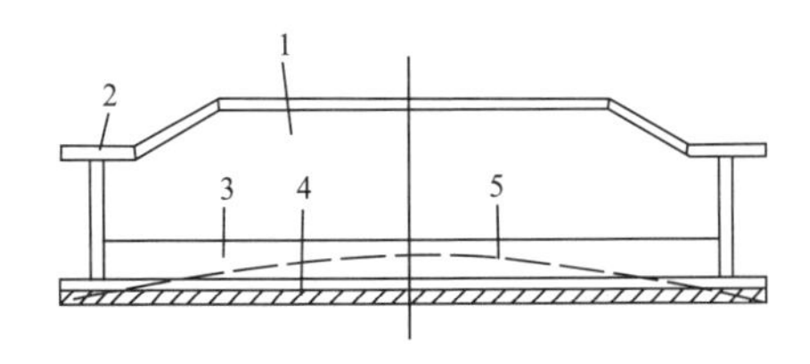

图4-45 门叶横向变形方向

1—主横梁；2—边梁；3—水平次梁；4—面板；5—横向弯曲方向

要解决这个问题可以从两方面考虑，其一是主横梁反变形法。即在主横梁制造过程中，有意使其产生一定的凸向迎水面的弯曲。反变形量可根据经验而定，经验不足时，可参照规范要求凸向迎水面的最大弯曲值考虑。这种方法对防止向背面的横向弯曲是有效的。其二是焊后的矫正处理，这种方法比较困难，而且费人力物力，还会拖延工期。但采用机械力加火焰矫正的方法是可以矫正横向弯曲的。

(4) 门叶顶部、底部以及分节处面板的定位变形。如图4-46所示，由于这些部位面板边缘无筋板，一般都是悬空的，经角焊缝的焊接而引起角变形。其矫正方法与平面闸门一样。

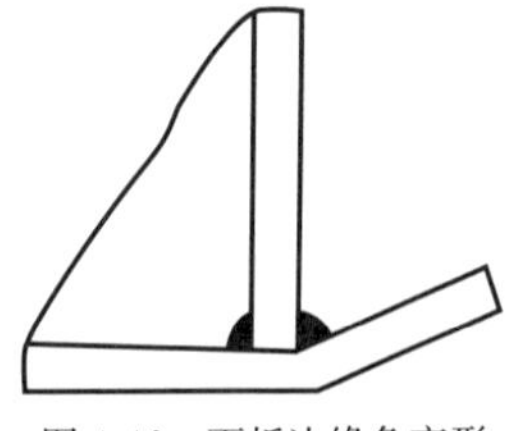

图4-46 面板边缘角变形

五、弧形闸门支臂的制造

弧形闸门的支臂有平行支臂和斜支臂之分。由于斜支臂受力合理，用料省，所以双主横梁斜支臂弧门应用广泛。下面以这种支臂为例，介绍制造方法。

1. 斜支臂的结构

支臂分为上下两肢（大型弧门有分为三肢的），其夹角为 2θ，如图 4-47 所示。

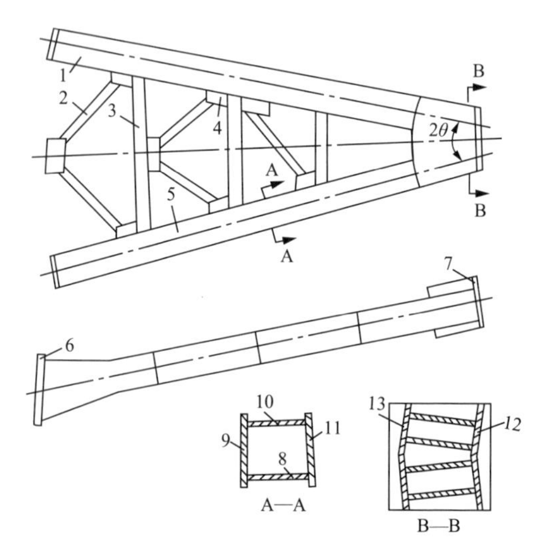

图 4-47　斜支臂结构示意图

1—上肢；2—斜杆；3—竖杆；4—连接板；5—下肢；6—顶板；7—底板；8—外腹板；9—外翼缘板；10—内腹板；11—内翼缘板；12—内夹板；13—外夹板

两肢之间，用竖杆、斜杆、连接板等连成刚性的整体。支臂与主横梁连接端有顶板，用螺栓与主横梁的后翼板连接，采用抗剪板承受斜支臂在接触面上的剪力，如图 4-48 所示。

抗剪板与顶板端部要求接触良好，不允许有间隙，所以，应进行刨削加工。支臂的另一端用底板与支铰以螺栓连接。顶板与主横梁、底板与支铰之间的结合面要求紧密，也必须刨削加工。螺纹孔应配钻，以保证装配质量。

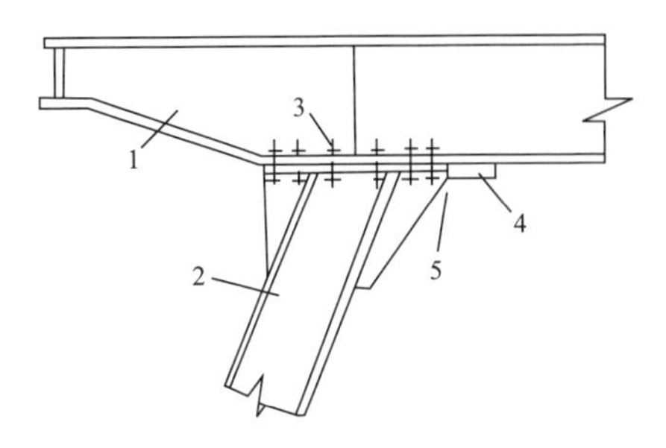

图 4-48 抗剪板安装

1—主梁;2—支臂;3—连接螺栓;4—抗剪板;5—接触面刨平并接触良好

支臂的上下两肢一般设计成箱型结构(小型弧门支臂亦有工字断面结构的)。各肢又有内外之分;靠孔中心的翼缘板为内翼缘板,靠闸墩侧的为外翼缘板;对每条支臂而言,有 2θ 角,2θ 夹角内边的为内腹板,外边的为外腹板(工形截面只有一个腹板);对夹板而言,靠中心的为内夹板,靠闸墩的为外夹板,按规范要求夹板要弯成 Φ 角。

竖杆一般设计成焊接工字型断面结构,斜杆常用型钢制作,如槽钢、角钢或工字钢等。

2. 放大样下料

斜支臂弧门是一复杂的空间几何体系,各零件的几何尺寸,可以用几何计算方法求出,但在下料时,都必须经过放大样,求出与设计相一致的各零件的几何尺寸及形状,从而避免差错。

应当指出,放大样求出的只是各零件的设计尺寸,下料的几何尺寸还要加上焊接收缩量 ΔL_1,火焰校正收缩量 ΔL_2,加工余量 ΔL_3,则零件下料的实际尺寸 L' 为

$$L' = L + \Delta L_1 + \Delta L_2 + \Delta L_3 \tag{4-9}$$

式中:L——设计尺寸。

当零件数量较多、几何形状复杂时,可制作样板下料。

3. 部件组装

每条支臂包括上下肢、竖杆、斜杆等部件。各部件单独拼装、焊接、矫正,合格方可进入支臂的组装。这样可减少支

臂组装的工作量和工期，同时减少组装后的焊接量，从而避免大量焊接造成的变形。

支臂上下肢的制作，视其大小和长短，可分段制造，也可整体制造。大型弧门的支臂，长达 10～20m，重达 30～60t，考虑到运输条件的限制及安装中技术上的要求，有的将支臂分成两段或三段制作（如在工厂可将支臂组装成支臂和角型支臂），到安装现场再拼装。若运输条件允许、支臂也可不分段而整体制造，但先不装顶板和底板，两端预留调整修切余量，待弧门大组装时，根据曲率半径的要求进行修切。

箱形断面支臂的拼对方法与普通箱形梁的拼对方法相同。但要注意不同点，既要注意腹板、翼缘板有内外的区别，顶板端有倾斜方向的问题。

4. 支臂预组装

组成支臂的各个零部件制造完成后，在厂内应进行支臂的预组装，同时还要与门叶进行总体预组装。全部合格后，才能把支臂拆开运到工地，在安装前进行正式组装与焊接。支臂在工地上进行组装的方法与工厂预组装基本相同，同时组装后才能进行焊接。

六、弧形闸门厂内总体预组装

根据有关规范的要求，弧形闸门出厂前，要进行总体预组装，将已制造合格的门叶、连接臂、支铰等，按设计要求组装成为一体，但它们之间并不连接，组装合格后，仍将它们分开。

预组装的目的：①最后确定支臂的总长，将端部预留的多余部分切去；②确定各节门叶之间、门叶与支臂之间、支臂与支铰之间的连接关系及配合情况；③对组装成整体的弧形闸门进行各项技术指标的检查，不合格处要处理，对检查数据做出记录；④对合格的整扇弧形闸门标出控制点、控制线并焊定位板等，为弧形闸门的工地再组装提供方便。

弧形闸门厂内总体预组装的步骤和方法如下：

（1）在总组装台上测放出控制线和控制点，包括支铰中心线、支臂中心线、整体中心线、面板外缘与底槛的交线等，并在各支墩及预埋底板上测出相对高程做出标记点。

(2) 将左右两支铰吊装就位(可不带铰座),调整位置、跨距,找好两支铰孔的同心度和倾斜度,如图 4-49 所示。根据测放出的中心线和高程点,通过两支铰孔挂转动中心钢丝线,此线的高程、中心位置、水平度要调整准确,以此作为调整支铰、测量面板曲率半径的基准线。如图 4-50 所示,支臂下肢的中心线水平布置,转动中心与下肢中心在同一水平面内,根据面板外缘曲率半径 R 即可确定支铰中心高程▽及距离 a 值,从而定出支铰中心(转动中心)的位置。

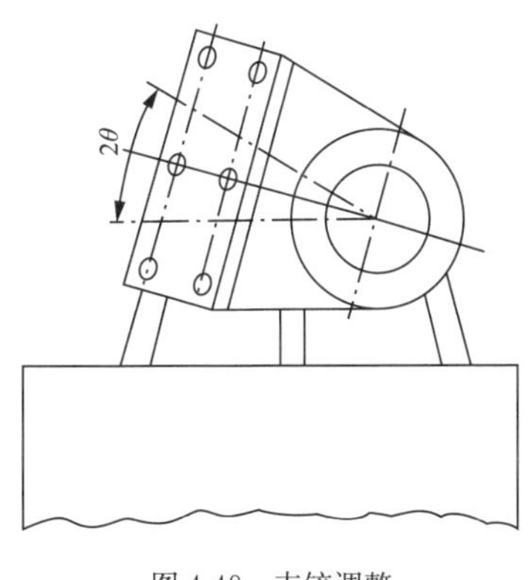

图 4-49　支铰调整

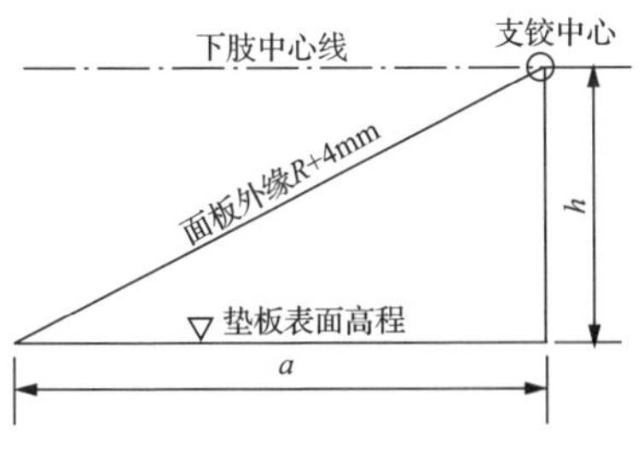

图 4-50　确定支铰中心

如图 4-51 所示,调整支铰相对于整体中心线的距离 L_1,其误差不超过±1mm。

如图 4-49 所示，调整支铰仰角 2θ，使下肢水平放置时支臂与支铰的位置、角度相吻合。

如图 4-51 所示，调整两支铰孔的同心度和倾斜度。每个支铰孔两端各沿圆周方向均匀测 8 点。用微调内径千分尺配合电测法进行测量。测量时，将位于钢丝端的千分尺沿轴向稍作摆动，读取最小值，如图 4-52 所示。

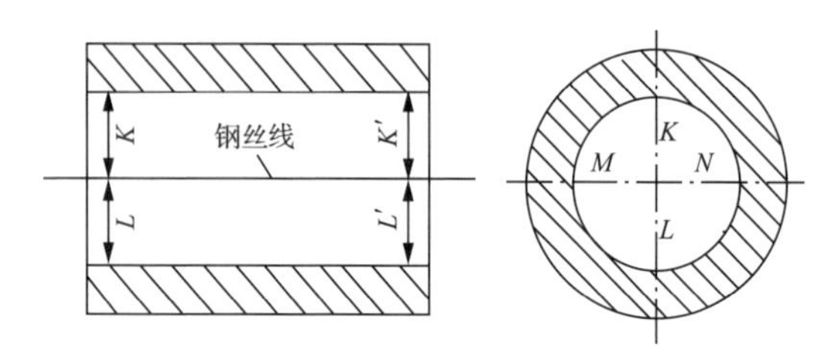

图 4-51　支铰孔同心度测量

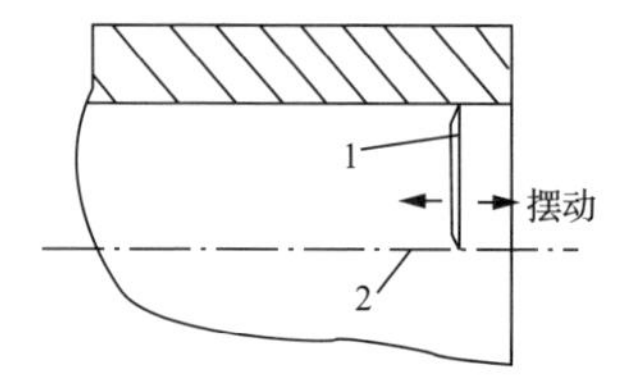

图 4-52　孔半径测量

1—内径千分尺；2—中心钢丝线

两支铰跨距、仰角、孔中心调整合格，用点焊固定在支墩上。

支铰仰角 2θ 可这样调整：在支铰底板上去标定长度 L（在平行于中心线的立边上去，尽可能取长一点），如图 4-53 所示，根据 θ 角计算 a 的长度，即 $a=L \cdot \sin\theta$，在 A 点挂锤球，过 B 点测量 B 点到锤线之间的距离等于 a 长即可。

（3）将左（或右）支臂吊立支墩上，在摘钩之前，初调支臂的中心、水平、高程、垂直等。两边焊上有调整螺丝（花篮螺丝）的拉杆，以便支臂的固定和调整。拉杆焊完后才能摘钩，以免支臂倾倒，如图 4-54 所示。

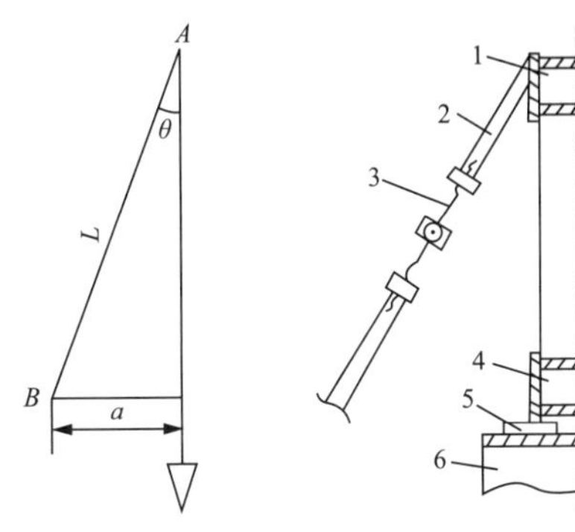

图 4-53　测定铰链的仰角 2θ

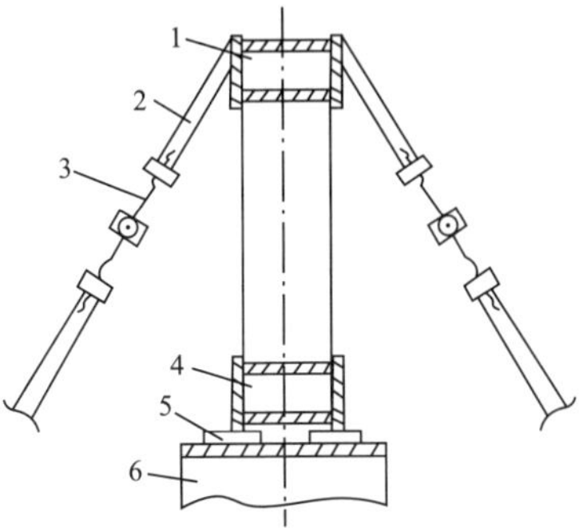

图 4-54　支臂调整与固定

1—上肢；2—角铁；3—拉紧器；4—下肢；5—垫块；6—支墩

左右支臂调整方法相同。首先将支臂端部与支铰底板靠拢，调整下肢中心高程及中心位置，并调整上肢中心与下肢中心在同一铅垂面内，如图 4-55 所示，在上肢顶焊一支架、

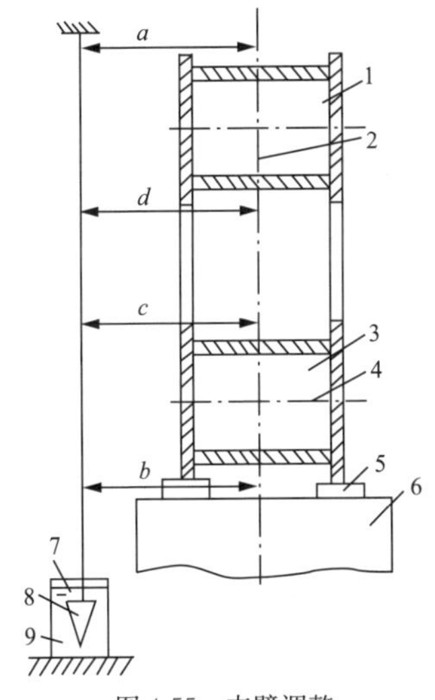

图 4-55　支臂调整

1—上肢；2—支臂垂直中心；3—下肢；4—下肢水平中心；5—调整板；6—支墩；7—废机油；8—锤球；9—油桶

挂锤球，锤球置入废机油油桶中加以阻尼，防止摆动，测量 a、b、c、d 等几个尺寸，几个尺寸相等，垂直就调好。

支臂端部与支铰底板的连接调整，可与支臂的调整同时进行。这个调整有两个要求：其一是要检查支臂端部与支铰顶板（注：此时支臂底板由于配钻连接在支铰顶板上未拆下）结合的间隙，各部分均要求顶紧，局部间隙过大做堆焊处理，过长的余量要进行修切；其二要求调整支臂中心与支铰中心相吻合，如图 4-56 所示。

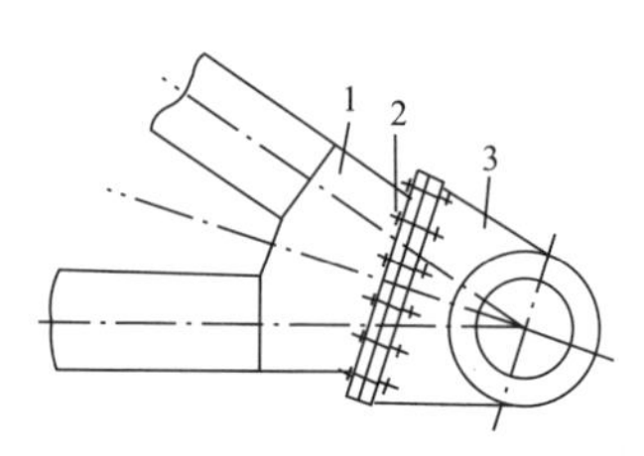

图 4-56　支臂与铰链连接

1—支臂；2—连接螺栓；3—铰链

支臂调整完毕后，进行有关几何尺寸的检查，包括开口尺寸，左右支臂跨距，对角线长，如图 4-57 和图 4-58 所示。开口尺寸 $c=d$，支臂跨距 $a=b$，对角线长 $L_1=L_2$，支臂到中心的距 $a_1=a_2$，$b_1=b_2$，两下肢之间的对角线长 $L_1'=L_2'$，两支臂的垂直度等。

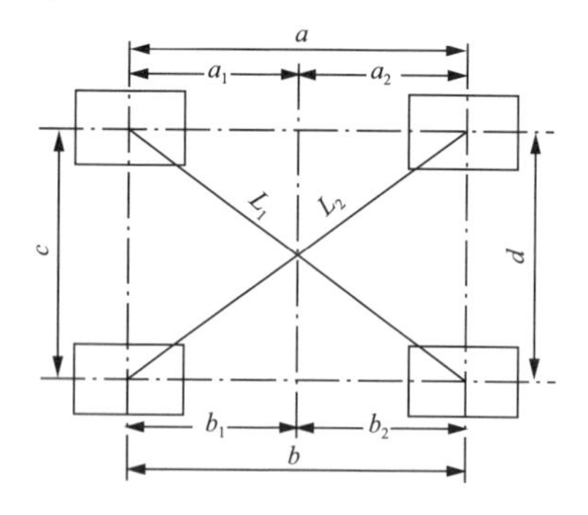

图 4-57　支臂开口端几何尺寸检查

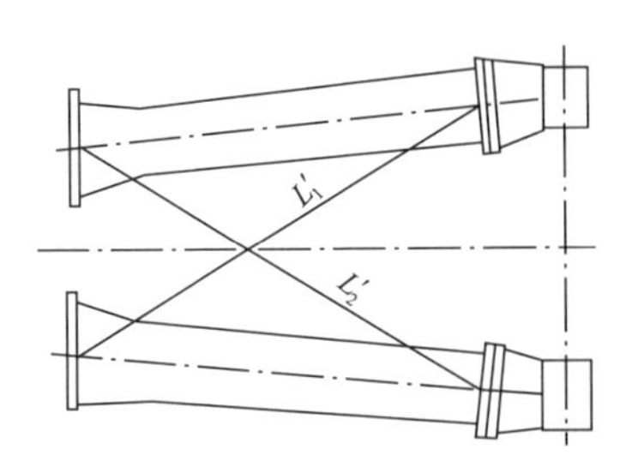

图 4-58　支臂下肢水平对角线测

检查合格,对支臂进行加固性固定:下肢与支墩之间点焊挡板,上肢除螺丝拉杆外,增加不带螺丝的斜拉杆,两上肢之间点焊支撑,以提高支臂的刚性和强度,承受立弧门时的作用力。

支撑加固之后,其端部与底板(点焊在支铰顶板上配钻孔的支臂底板)可进行点焊,四周边每边点焊三段,每段长100mm 左右,此缝暂不焊接,待到现场安装时,支臂与支铰已用螺栓连接成整体,支臂底板与支铰顶板周边点焊,再进行焊接,这样可防止支臂底板四周因焊接而引起的角变形,保证了底板连接的紧密性。

有的厂家在总体预组装时不用真铰链,而用假铰链代替,甚至不用铰链,用所拉钢丝代替铰链,这样可节省成本和时间,但由于支铰的加工往往互换性差,这会给未来安装施工中造成意想不到的问题,在安装现场再处理这些问题,反而耽误工期,影响防洪发电,结果反而损失更大。所以,还是用真支铰组装为妥,组装完还要编号、打钢印做标记,以便现场安装。

(4) 组装大型弧门的门叶。一般根据主横梁的数量而分节,双主梁弧门分为上下两节或数节。

吊装前,先在下节门分缝处的大隔板上焊接两个吊耳。吊耳的位置,要考虑下节门叶吊起时的直立位置与组装位置基本吻合,如图 4-59 所示,这就大大方便了与支臂的连接并简化了调整工作。门叶落下时,注意面板底缘与预埋底板上的定位挡板靠拢，并且门叶中心与底板上放出的中心重合、下主横梁的后翼缘顶板与下肢端靠拢，在门叶与支臂之间焊上调整螺丝，拉住门叶，用经纬仪配合调整门叶的中心的垂直度，合格后，在地面底板上点焊挡板，将门叶面板底缘的两边挡住，以防止门叶滑动，一切稳妥后，摘去吊钩。

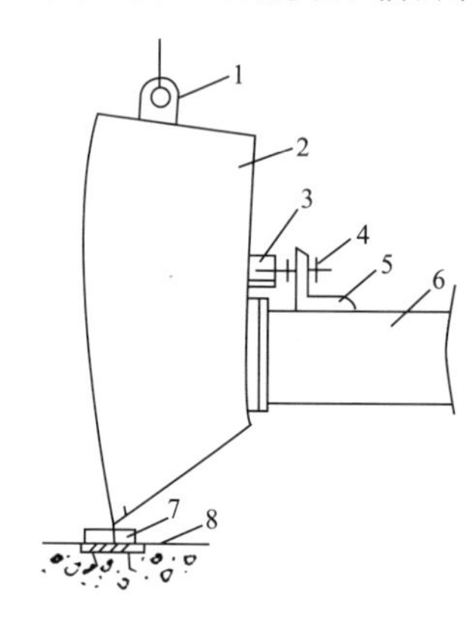

图 4-59 立下节门叶

1—吊耳板；2—下节门叶；3—角钢；4—调整螺丝；5—角钢；6—下肢；7—挡板；8—底垫板

调整螺丝如图 4-59 所示，两根短角钢分别焊在隔板后翼缘上和支臂上，螺杆焊在隔板角钢上，利用双螺母调整支臂端部与顶板之间的间隙。首先使端部与顶板靠拢，用长钢卷尺检测面板的曲率半径，在门叶两边沿下肢中心进行检测，从支铰孔中心的钢丝线到面板外缘，如图 4-60 所示。注意钢尺与弧门中心线要平行，还要注意拉钢尺的修正值，测量读数加上修正值，就是曲率半径的真实值。由于支臂长度有修切余量，按设计半径 R 加支臂两端顶板和底板的焊接收缩量，将支臂多余的长度切去，并在支臂端切出单边坡口。

仍利用调整螺丝调整门叶向支臂端部靠拢，检查间隙，要求顶紧，测量面板曲率半径，此时要求测量门叶两端上中下三点，面板外表面曲率半径按设计半径 R 加 4mm 控制（焊接支臂两端顶板和底板的收缩值），测量方法与前述相同，合

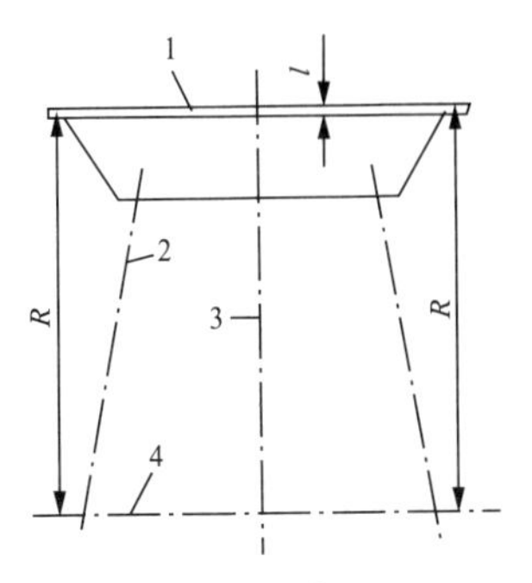

图 4-60　弧门曲率半径测量

1—面板;2—支臂中心;3—弧门中心;4—支铰中心

格后,在支臂端部与门叶之间焊上临时固定挡板加以加固。

在下节门叶两端顶部及两边梁顶部点焊就位挡板,如图 4-61 所示,呈倒八字形,以便上节门叶落下时能准确就位。在上节门叶上端面板的适当位置焊两块吊耳,吊耳板要有足够的强度,吊起门叶时方便就位,如图 4-62 所示。

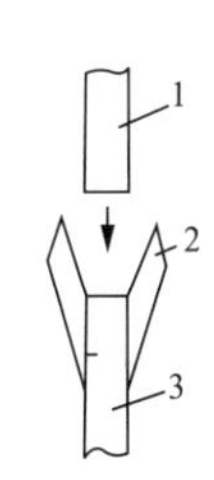

图 4-61　就位挡板

1—上节门;2—就位挡板;3—下节门

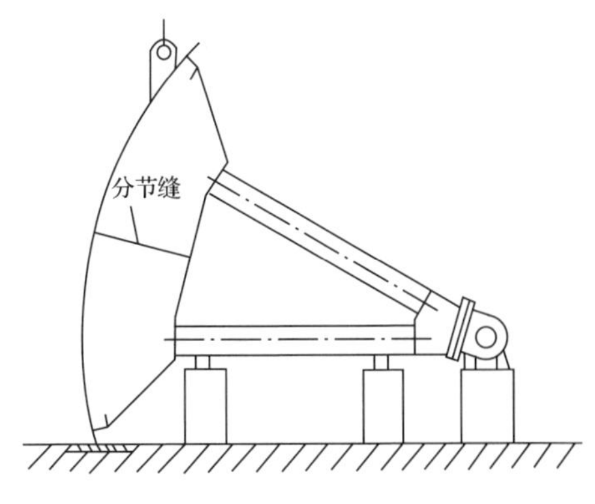

图 4-62　吊立上节门叶

吊起上节门叶，落在下节门叶上，进行调整，调整的内容包括：①上下两节门的中心线对齐，且同在一垂直面内；②面板接缝，边梁腹板接缝、隔板接缝等不能错牙；③上节门叶的曲率半径仍按 $R+4\text{mm}$ 控制，支臂长度余量仍切去，其方法与下肢相同；④两节门叶对接缝的间隙要控制在允许范围之内。调整好后，点焊挡板进行固定。

整体组装就绪，检查组装质量，包括几何形状、几何尺寸、间隙大小等，做出记录。用经纬仪定出面板左右侧水封孔的垂直中心线，如图 4-63 所示。

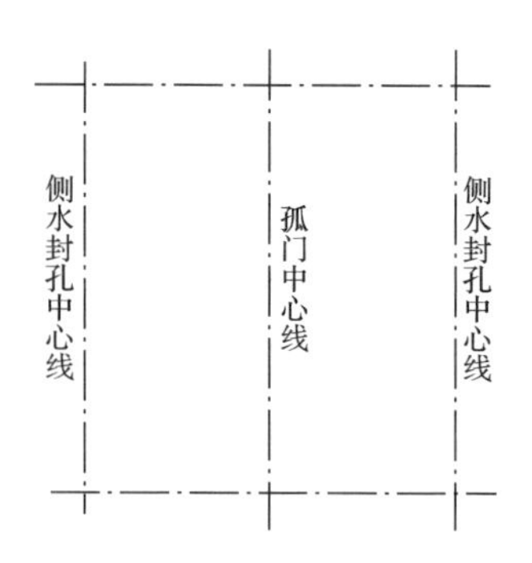

图 4-63 在面板上定两侧水封孔中心线

整体组装质量检查的具体内容包括：①两铰链轴孔的同轴度及每个铰链轴孔的倾斜度；②铰链中心至门叶中心距离；③臂柱中心与铰链中心的不吻合值、臂柱腹板中心与主梁腹板中心的不吻合值；④支臂中心至门叶中心距离；⑤支臂与主梁给合处的中心至支臂与铰链组合处的中心对角线相对差；⑥在上、下两臂柱夹角平分线的垂直剖面上，上、下臂柱侧面的位置度；⑦铰链轴孔中心至面板外缘半径 R 的偏差；⑧臂柱两端与门叶、铰链连接板组合面之间的接触面积及间隙；⑨底止水与底槛埋件工作面的重合度（底止水为钢止水的反向弧形闸门）；⑩组合处的错位。

总体预组装合格的弧门，为了运输，仍要拆开为几大件。为方便现场安装，以免搞混，应对拆开的部件进行编号，打钢印，并设置定位板和组装标记。门节之间，在面板及边梁上点焊四对凸凹型定位板，保证上下门节对中及各对接缝不走样；安装标记包括门叶中心线、吊耳中心线、支臂中心线、支臂及支铰连接处中心线、支臂与主横梁连接处中心线、主横梁后翼板中心线、水封孔中心线等，这些中心线打上样冲眼、钢印号、做明显标记。

将弧门各部件拆开，其程序与组装相反，注意安全。面板朝上平放门叶，钻所有的水封孔，可用磁力电钻进行。

按设计要求，进行表面防腐处理。

弧门的水封、侧轮等到安装现场再进行安装。

弧门制造质量标准见表 4-8 及有关规范。

表 4-8　　弧形闸门的允许偏差　　(单位：mm)

<table>
<tr><td>简图</td><td colspan="5">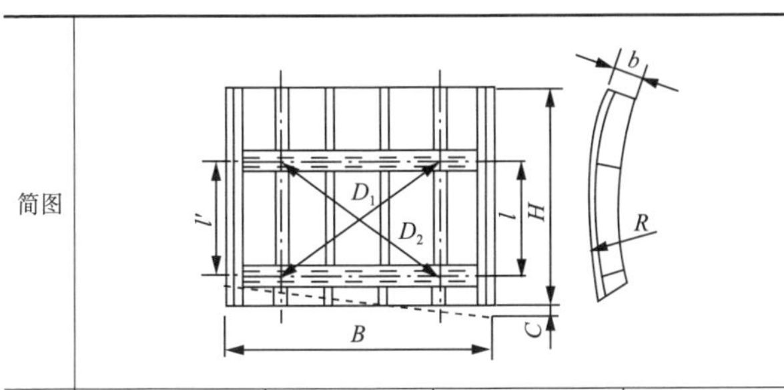
</td></tr>
<tr><td rowspan="2">序号</td><td rowspan="2">项目</td><td rowspan="2">门叶尺寸</td><td colspan="2">公差或允许偏差</td><td rowspan="2">备注</td></tr>
<tr><td>潜孔式</td><td>露顶式</td></tr>
<tr><td>1</td><td>门叶厚度 b</td><td>≤1000
1000～3000
>3000</td><td>±3.0
±4.0
±5.0</td><td>±3.0
±4.0
±5.0</td><td></td></tr>
<tr><td>2</td><td>门叶外形
高度 H
和外形宽度 B</td><td>≤5000
5000～10000
10000～15000
>15000</td><td>±5.0
±8.0
±10.0
±12.0</td><td>±5.0
±8.0
±10.0
±12.0</td><td></td></tr>
<tr><td>3</td><td>对角线相差
$|D_1-D_2|$</td><td>≤5000
5000～10000
>10000</td><td>3.0
4.0
5.0</td><td>3.0
4.0
5.0</td><td>在主梁与支臂组合处测量</td></tr>
</table>

简图					
序号	项目	门叶尺寸	公差或允许偏差		备注
			潜孔式	露顶式	
4	扭曲	≤5000 5000～10000 >10000	2.0 3.0 4.0	2.0 3.0 4.0	在主梁与支臂组合处测量
		≤5000 5000～10000 >10000	3.0 4.0 5.0	3.0 4.0 5.0	在门叶四角测量
5	门叶横向直线度	≤5000 5000～10000 >10000	3.0 4.0 5.0	6.0 7.0 8.0	通过各主、次横梁或横向隔板的中心线测量
6	门叶纵向弧度与样尺的间隙		3.0	6.0	通过各主、次纵梁或纵向隔板的中心线，用弦长 3.0mm 的样尺测量
7	两主梁中心距		±3.0	±3.0	
8	两主梁平行度 $\lvert C'-C \rvert$		3.0	3.0	
9	纵向隔板错位		2.0	2.0	
10	面板与梁组合面的局部间隙		1.0	1.0	
11	面板局部与样尺的间隙	面板厚度：	每米范围不大于		横向用 1m 平尺，竖向用弦长 1m 的样尺测量
		6～10 10～16 >16	5.0 4.0 3.0	6.0 5.0 4.0	

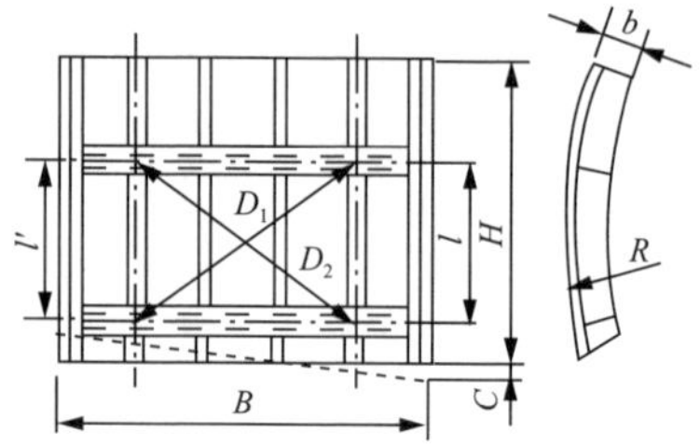

续表

简图	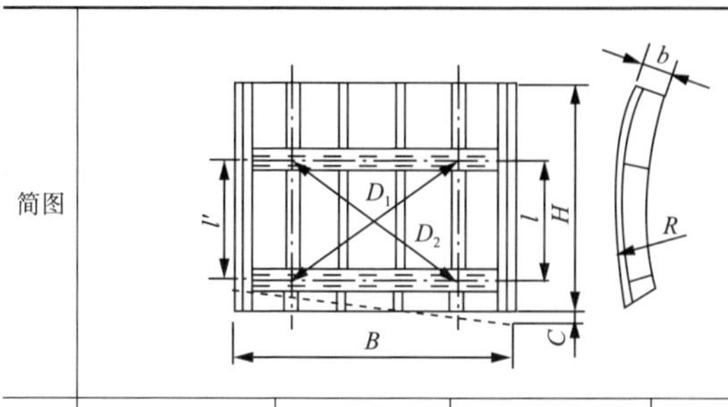				
序号	项目	门叶尺寸	公差或允许偏差		备注
			潜孔式	露顶式	
12	门叶底缘直线度		2.0	2.0	
13	门叶底缘倾斜值 2C		3.0	3.0	
14	侧止水座面平面度		2.0	2.0	
15	顶止水座面平面度		2.0	—	
16	侧止水螺纹孔中心至门叶中心距离		±1.5	±1.5	
17	顶止水螺纹孔中心至门叶底缘距离		±3.0	—	

注：当门叶宽度、两边梁中心距离及其直线度与侧止水有关时，其偏差值应符合图样规定。

第三节 人字门的制造

一、概述

修建水库或者利用水力发电时需要在河流上修建拦河堤坝，用以提高水位。这样，河水被大坝隔断，上下游的水位差较大，航船便无法通过。为保证通航需要，就要在大坝的旁边修建船闸，图 4-64 为船舶通过人字门示意。

船闸按照所处位置可分为海船闸、河船闸和运河船闸。船闸根据沿船闸轴线方向的闸室数目可分为单级船闸、双级

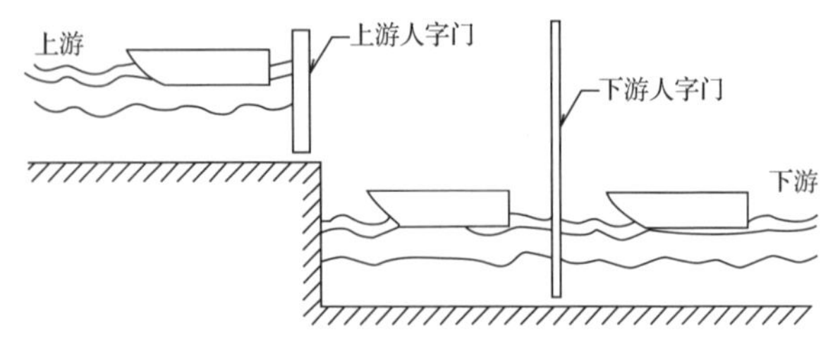

图 4-64　船舶通过人字门过坝示意图

船闸和多级船闸(又称单室船闸、双室船闸和多室船闸),以单级船闸使用最广。

船闸系统由闸首、闸室、输水系统、闸门、阀门、引航道等部分以及相应的设备组成。

人字门是船闸系统的核心部件,左、右两扇门叶分别绕水道边壁内的垂直门轴旋转,关闭水道时,俯视形成“人”字形状的闸门。人字闸工作时,两扇门叶构成三铰拱以承受水压力;水道开时,两扇门叶位于边壁的门龛内,不承受水压力,处于非工作状态。人字闸门一般只能承受单向水压力,而且只能在上、下游水位相等,静水状况下操作运行,常用于通航河道的船闸,作为工作闸门布置在上、下闸首,图 4-65 为人字闸门开关示意图。

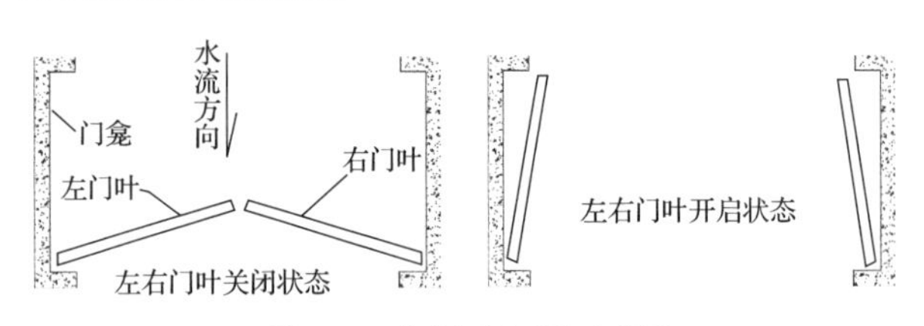

图 4-65　人字闸门开关示意图

人字闸门的门叶可以做成平面形和圆拱形两种。圆拱形的门叶主拱肋仅受轴向压力,用料较省,但刚度差,且门龛较深,应用不普遍。通常多用平面形门叶。平面形门叶常用横梁式,仅在跨度特大的宽扁形水道孔口才用竖梁式。人字闸门左右两扇门叶的两个侧端部位均设有竖直的门轴柱和接缝柱。门轴柱顶部和底端设有供旋转支承的门枢，沿竖直侧端有支承装置。两扇门叶上端一般都设有人行便桥。门叶的左右及下侧均设有止水装置，接缝柱也起止水作用。人字闸门关闭时，门叶和闸墙的夹角一般不大于 70°。中、小型人字闸门有的设计成可承受双向水压力的布置，这种闸门的门叶和闸墙的夹角不宜大于 115°。承受双向水压力的人字闸门，在改变布置形式、结构状况及操作方式后，也可运用于双向水运的小型船闸。

二、人字闸门构件组成分解

1. 组成说明

人字闸门构成见图 4-66。

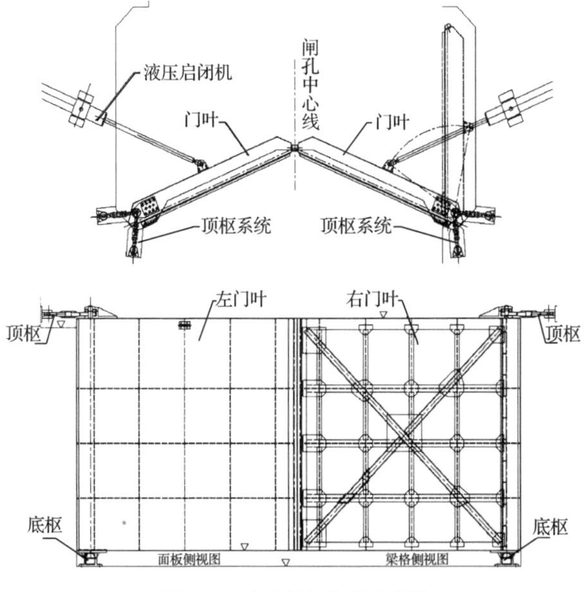

图 4-66　人字闸门构成示意图

每台人字闸门主要构成有：左、右门叶两扇，顶枢系统两套，底枢系统两套，供油及油路系统一套，水封止水系统一套，承压条（斜接柱支垫块、门轴柱支垫块和埋件枕垫块，有些时候设计的闸门中承压条兼做水封作用），开启和关闭闸门的启闭机及连接装置，预埋件，门顶护栏等。

2. 左、右门叶

人字闸门由两扇门叶组成。门叶底部支承在底枢上，顶部支承在顶枢上。通过在顶部的启闭机推拉杆的作用，门叶能绕着通过顶、底枢中心的轴线转动。在开启时门叶靠顶、底枢支承；关闭挡水时，水压力靠设在门轴柱上的支、枕垫块传递给闸首两边的边墩。人字闸门门叶为 Q235/Q345 钢板和型钢组成的焊接结构件，构成单元主要有面板、主横梁、顶底横梁、顶枢耳座、推力隔板、纵梁、隔板、门轴柱、斜接柱、背拉杆、筋板、节点板等，见图 4-67。

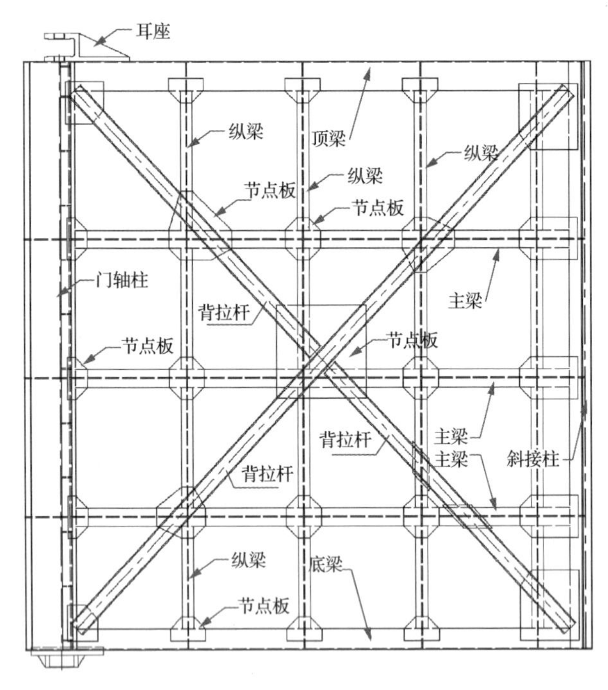

图 4-67　门叶构成示意图

各个单元共同组成了人字闸门门叶系统。其中面板主要作用是承受水压力和承重结构的作用。一般设在上游面，横梁、纵梁、隔板等组成梁格，起到支承面板，以缩小面板的宽度和减少面板的厚度。背拉杆与主横梁、节点板等组成桁架式纵向联结系(又称门背联结系)，它的作用是承受闸门自重和其他竖向荷载。保证闸门在竖向平面内的刚度。另外与主梁构成封闭体系共同承受由于外力作用而引起闸门的扭转，人字门背拉杆也经常做成带连接丝杠，长短可伸缩的结构型式，可以用于工地整体拼装后调整整扇门叶扭曲等。隔板、纵梁、斜接柱、门轴柱等构成横向联结系(又称竖向联结系)，作用是承受全部次梁(包括顶、底梁)传来的水压力，并将之传给主梁；当水位变化等原因而引起各主梁的受力不均时，横向联结系可以均衡各主梁的受力并且保证闸门横截面的刚度；当闸门作用的外力而产生扭转时，横向联结系能够保证闸门横截面形状不变，增加其抗扭刚度。门体上耳座通常与闸门焊为一体与顶枢、底枢配合完成闸门的开启和闭合动作。

3. 顶枢

顶枢作用为和底枢配合使用保证门扇能绕垂直轴转动。每套顶枢主要由两根拉杆和旋转轴组成。在开启位置时承受门体重量的为 B 拉杆，在关闭位置承受门体重量的为 A 拉杆。由于接近关闭位置要形成三铰拱受力体系，因此 A 拉杆受力较为复杂。

顶枢按结构型式又分为三角形顶枢和铰接框架式顶枢。

三角形顶枢由拉杆、轴、法兰螺母、锚定构件、顶枢座、衬套、锚定锁轴等组成。三角形顶枢的缺点在于：当门扇转动时，在顶枢轴承内产生摩擦弯矩，使拉杆受弯，因而不能传递较大水平力，三角形顶枢在中、小型闸门上采用较多，见图4-68。

铰接框架式顶枢增加了连杆和刚性连接板改变拉杆受力形式，刚性连接板承受摩阻弯矩，并以节点荷载的方式传到绞接框架上，改善了拉杆的受力，见图 4-69。

铰接框架式顶枢组成有：拉杆、连杆、轴、刚性连接板(顶

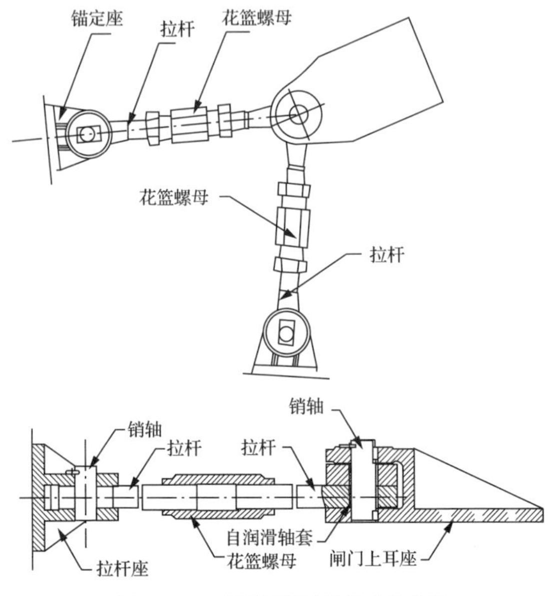

图 4-68　三角形顶枢结构构成示意图

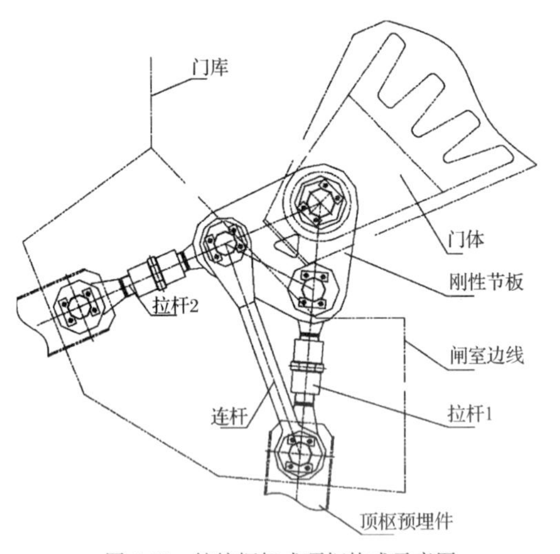

图 4-69　铰接框架式顶枢构成示意图

枢拉架)、花篮螺母等，顶枢拉架通常为 Q345B 焊接件，顶枢拉架上的轴孔为保证现场安装需要，通常留一端轴孔在厂内进行第一次镗孔，留再加工余量，到工地扩孔。顶枢拉架上的轴孔安排在组焊后加工。

铰接框架式顶枢结构如图 4-69 所示，增加了连杆和三角形刚性节板，拉杆不再直接承受弯矩，增加了整个顶枢的刚性和稳定性，使用寿命长，安装及维修方便、维修成本低。铰接框架式顶枢结构因能承受较大载荷而广泛应用于人字闸门的顶枢结构设计。

4. 底枢系统

底枢系统构成见图 4-70。

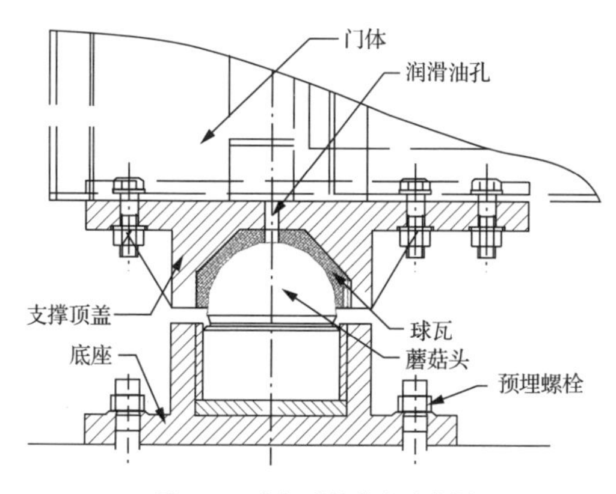

图 4-70　底枢系统装配示意图

底枢系统主要工作部件为蘑菇头和球瓦、支承底座等组成，支承底座通过预埋螺栓固定并浇筑在混凝土中，蘑菇头固定安装在闸首边墩的承轴底座上，蘑菇头是一个半球型的金属头，其上部为一个与之相配套的球瓦衬套，它们共同承担闸门自重和门体自重产生的偏心力分力。球瓦与蘑菇头配合使用，球瓦通过连接轴承台与门体相连，靠蘑菇头与蘑菇头球瓦衬套的滑动连接，蘑菇头与蘑菇头衬套实现旋转。此部分承受底枢结构的所有垂直压力及蘑菇头与衬套间的接触应力。

蘑菇头是保证人字门灵活、正常开启和关闭的关键件，它的质量优劣，直接关系到与自润滑球瓦之间的配合，影响到人字门的承压能力和底枢的使用寿命，因此需要对蘑菇头及其相关工序进行专题研究，建立工序质量控制点，使生产全过程处于受控状态。

底枢摩擦副选用的材料要考虑“软硬”结合，通常蘑菇头采用锻钢＋不锈钢轴头堆焊，球瓦采用铸铜，因铜的耐磨性能比钢低得多，所以底枢破坏时一般表现为：球瓦有较大的磨损破坏。这种结构形式具有的优点是：钢与铜的组合能够发挥材料特性，减小摩擦。但其最大的缺点是：常年处于水下，泥沙污染大，工况恶劣，一旦蘑菇头与铜衬套之间的油膜被破坏，底枢蘑菇头与铜衬套就会抱死，加剧铜衬套的磨损，久而久之，门体的门轴柱发生倾斜，使门体止水不严，影响船闸的正常运行。

底枢摩擦副在设计时主要考虑蘑菇头和轴套间的接触应力，以此得到轴头的半径，相应选择球瓦的尺寸及材料。现行通常人字闸门底枢摩擦副接触应力的计算方法主要有三个：

一是经典赫兹接触理论的计算公式；

二是按材料力学的原理计算平均应力的计算公式；

三是以材料力学原理为基础，借鉴赫兹理论应力分布假设得到的最大接触应力的简化计算方法。

底枢设计时要考虑使底枢蘑菇头不承受关门状态的水压力作用，让作用在底梁上的水压力只通过支、枕垫块传到闸墙上。当支、枕垫块在长期使用而发生磨损时，当门扇拱高下垂时，横推力将会作用在底枢上。为避免底枢损坏，在构造上需采取措施。如选用压力较高的油泵和油路系统供油；选用知名品牌的自润滑球瓦，球瓦材料抗压强度高，在无润滑状态下摩擦系数依然较小，当球瓦润滑油膜破坏时仍可继续运行；另外选用活动式底枢构造也可以有效减轻底枢受到冲击载荷时的受力。图 4-71 为活动式底枢的一种构造型式，工作原理为：蘑菇头通过摩擦片座在底枢固定座上，上、下摩擦片通过半圆头方键与蘑菇头固定,其中摩擦片通过外圆周上的键槽与固定座连接固定,当底枢受到较大的载荷时,蘑菇头带动上、下摩擦片克服相对中摩擦片的滑动摩擦力产生转动,减轻蘑菇头相对球瓦的胶合磨损。

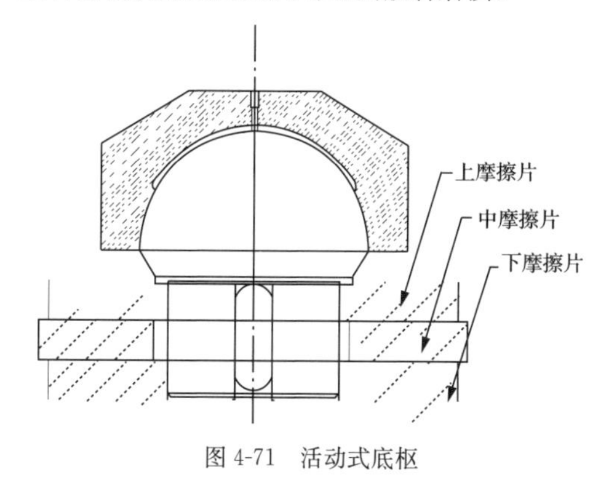

图 4-71　活动式底枢

5. 门轴柱及斜接柱系统

斜接柱与门轴柱的主要作用是将所有主横梁的端部连接起来,构成门扇两个边框,使门扇有足够的刚度,人字闸门中斜接柱及门轴柱的另一作用是传递主横梁反力,门轴柱及斜接柱型式可分为块式和连续式两种,常见门轴柱及斜接柱构成分别见图 4-72 和图 4-73。

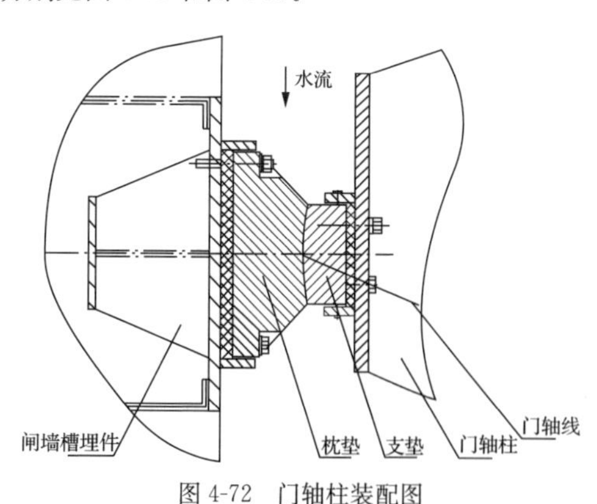

图 4-72　门轴柱装配图

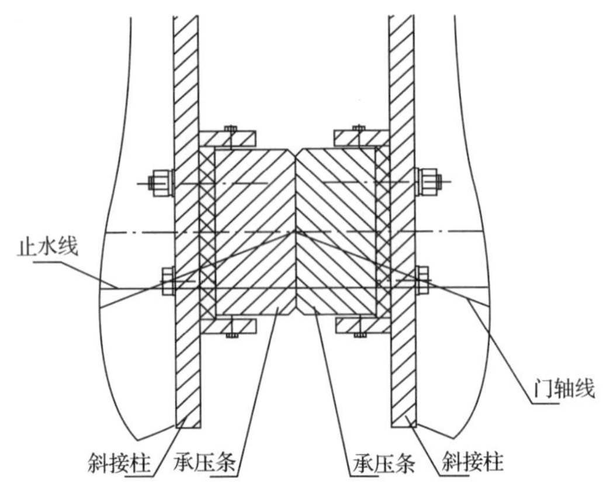

图 4-73 斜接柱承压条装配示意图

连续式的特点:在斜接柱位置处支、枕垫块采用平面接触,在门轴柱位置处采用弧面接触。可利用支、垫块的接触面兼作止水面,但它对支、枕垫块制造要求高。在支、枕垫设计时,应考虑由于局部接触不良对邻近支、枕垫块的超载作用。

块式支、枕垫块构造与特点:块式支、枕垫块具有调整工作量小、受力明确的优点,但必须设置侧止水,安装调整困难。

人字门门轴柱支枕块承压条及闸墙上枕垫块承压条经长期运行后磨损都很严重,需取下更换,更换可用浮式移位法将人字门移至闸室检修支垫上进行。

承压条磨损,主要是底枢蘑菇头承受的水平推力,使球瓦不断磨损影响门体的垂直度,进而加剧下部承压条的磨损。因此提高埋件枕垫承压条和门体侧面承压条安装的垂直度,适当放宽门体承压条与预埋件枕垫承压条的间隙,是减轻承压条磨损的有效方法。

为使支、枕垫能正常工作,设计时需要准确布置转轴中心,即人字闸门顶枢与底枢中心连接线在平面上的投影位置。准确确定转轴中心位置后：闸门关闭时，支垫块与枕垫块有良好的接触条件，以传递主横梁的反力；而闸门开启时，能立即脱开，以减少摩擦阻力，并保证门扇完全隐入门龛内。

转轴中心的位置，通常可用几何作图法确定：

第一步：绘出闸门关闭时的门扇轴线、轮廓线以及支垫块与枕垫块支承面的法线，即反力作用线；

第二步：绘出闸门全开时的门扇轴线，此轴线的位置可以从闸墙边缘按门扇完全隐于门龛中并保持10～20cm的余量间隙而求得；

第三步：从两个门扇轴线的交点上作其相应补角的等分角线；

第四步：将反力作用线向上游平行移动4～10cm，与补角等分线相交，则交点即为转轴位置。这样当门扇开启时，支垫块易于离开枕垫块，而当关门的最后瞬间两者才互相接触而抵紧。

6. 人字门附属装置

(1) 止水设备：除底止水通常采用水封橡皮封水外，块式支、枕垫结构也采用水封橡皮封水，根据其所在位置不同可分为斜接柱止水、门轴柱止水；通常由水封橡皮、压板、螺栓紧固件与门体连接一起使用。

(2) 人行便桥：为便于管理人员的工作和行人通行，通常在门叶顶部设置人行便桥，包括扶手、栏杆、走台等金属构件，在闸门关闭时可以作为通道供行人通过。

(3) 预埋件：埋件包括底枢轴承座埋件、枕座埋件、侧止水埋件、顶枢拉杆(架)埋件、底槛、限位块和防撞块埋件及检修门门槽埋件，主要为圆钢及钢板组成的焊接结构件。底槛和侧止水埋件根据水封封水需要，有时表面贴焊不锈钢板进行加工。枕座埋件为枕垫提供支点，枕座埋件限位块和底槛组成的门框经常承受人字门开关的冲击力，设计时需校核部件的承载能力符合要求。

顶枢埋件和底枢埋件分别供顶枢拉架和固定底座使用，

工作承载需稳定可靠。

(4) 浮式系船柱及埋件:浮式系靠船设施包括浮式系船柱和系船环、系船钩。浮式系船柱由圆筒及滚轮、系船柱等组成,系船柱浮筒采用Q235/Q345钢板卷制而成,浮筒制作完毕,须按要求进行压力试验和煤油渗透。系船柱埋件为钢结构焊接件埋设于航道闸室闸墙内。浮式系船柱随闸室水位变化可自由升降。系船环和系船钩埋于闸室墙上。

(5) 对中导卡:为导卡座、剪力板、凸板、凹板等加工件组成的装配体,螺栓固定于顶横梁和斜接柱处,开关闸门时起到导向作用。

三、人字门制造工艺

1. 人字门门叶制造

门叶制造流程见图4-74。

门叶制造前需准备好用于主梁、边梁和面板拼装的平台,使用前利用水准仪调整、检测至拼组要求。根据图纸要求准备和调整好主梁、纵梁焊接的工装。调整检查H型钢组立机、矫正机的轮距。认真研究图纸,将设计图纸按小组部件分解成工艺卡,实行一图一卡。

绘制面板图纸时,要注意标注主梁、纵梁、边梁的位置线,面板的对接焊缝要与主梁、纵梁、边梁的角焊缝错开,错开的距离不小于200mm。下料时要考虑焊接收缩余量,可参考以下经验公式:

(1) 面板收缩量:

$$S = L \times 系数(0.0005 \sim 0.001\text{mm}) \qquad (4\text{-}10)$$

注:系数取直范围根据收缩方向的焊接强度结合总尺寸选择使用,逢对接焊缝每个对接接口再加2mm。

式中:S——面板收缩量,mm;

L——面板长度或宽度,mm。

(2) 主梁下料时,主梁的反变形量根据长度和高度确定。根据下列经验公式放出主梁的反变形量和收缩量,编制数控下料程序。

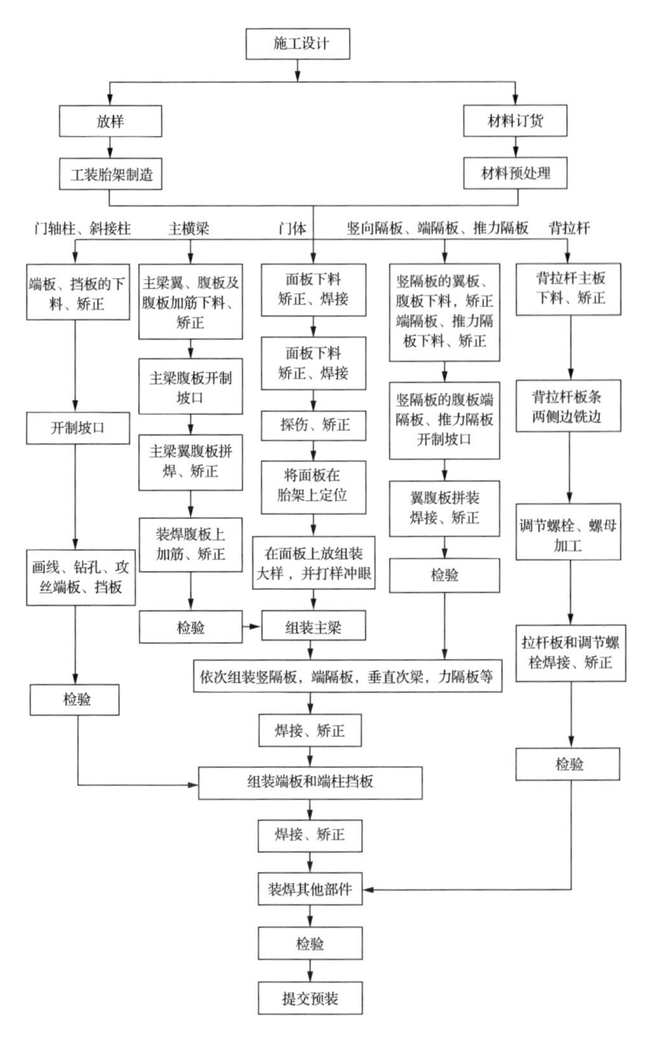

图 4-74　门叶制造流程图

1）主梁收缩量：

$$S1 = L1 \times 系数(0.0005 \sim 0.001mm) \qquad (4\text{-}11)$$

注：取值范围选择与面板相同。

式中：$S1$——主梁收缩量，mm；

$L1$——主梁长度，mm。

2）主梁反变形量：

$$F = L1/B1 \tag{4-12}$$

式中：F——主梁反变形量当量；

$L1$——主梁长度，mm；

$B1$——主梁高度，mm。

当 $F>14$，则主梁反变形量控制在 10～15mm 范围内；当 $F<14$，则主梁反变形量控制在 6～10mm 范围内。

纵梁一般长度和高度都比较小，下料时不再考虑反变形量，利用焊接顺序跳焊或断续焊控制焊接变形。顶梁、外端柱反变形量形式与主梁相同。

板材平整：凡用于闸门面板、主梁腹板和翼板、纵梁腹板和翼板、边梁腹板和翼板的钢板，先在平板机平整后再下料。要按照制作工艺要求放样、切割。放样时，按照钢板焊接收缩余量，增加放样尺寸。对切割后的材料，由专职检验人员检查验收，切割面要光滑、整齐、无毛刺，尺寸符合工艺要求。

钢板或型钢切断面为带焊接边缘时，切断面应无对焊缝质量有不利影响的缺陷。断面粗糙度 $Ra \leqslant 50\mu m$，长度方向的直线度公差不大于边棱长度的 0.5/1000，且最大不大于 1.5mm。

对要求有焊接坡口的钢板，根据《气焊、焊条电弧焊、气体保护焊和高能束焊的的推荐坡口》(GB/T 985.1—2008)和《埋弧焊的推荐坡口》(GB/T 985.2—2008)的有关规定进行焊缝坡口的制作。钢材的下料根据生产条件尽量选择在数控切割机上进行。

制造过程细节描述：

(1) 在结构方面，可以将门叶分节进一步细分为两个边单元和一个中部单元，各单元由部件和零件组成。边单元是指分节的门轴柱或斜接柱，中部单元是指分节的中部结构，连接各单元的零件称为分散件，部件主要指 T 型部件和工字型部件。

(2) 在焊接收缩量方面，沿门叶的高度方向，在各分节上预放焊接收缩量；沿门叶的宽度方向，在主梁两端头预放余量。

(3) 在制造方法上，以门叶面板为基准面，在门叶总装胎架上整体制造，一次性放划出门叶中心线、长度线、半宽线和各分节的定位基准线，各分节间不预留间隙，在门叶中部单元按一定次序装焊完工后，再吊装门叶两侧边单元，待同侧的边单元全部调整定位后，最后焊接边单元和中部单元的连接缝。

(4) 各分节端板、推力隔板四边留余量，下料后做刨边处理；中部单元主横梁上下翼缘两侧在切割下料后做刨边处理。

(5) 边单元的端板和挡块上的光孔和螺孔在参与组装或安装前，应先加工好。

(6) 零件下料加工的精度要求参见表 4-9。

表 4-9　　制造精度要求参照表　　(单位：mm)

零件名称	尺寸偏差	直线度	对角线差值	备注
面板	±2	≤2	2	周边
主梁腹板	±1	≤2 且≤1mm/m	2	上、下翼缘边
节点板	−2～0	≤1	—	周边
竖隔板腹板	−2～0	≤1	1	沿门高方向
	−3～−1			沿门厚方向
端隔板上翼缘	−2～0	≤1	—	周边
端板	−2～0	≤1	1	周边
端隔板	−2～0	≤1	1	沿门高方向
	±1			沿门厚方向
上、下翼缘	−2～0	≤1	—	周边
主梁腹板	±1	≤1	—	周边
推力隔板	−2～0	≤1	1	周边
推力隔板加筋板	−2～0	≤1	1	周边
挡板	−2～0	≤1	—	周边

(7)“T”型和“工”型部件的装配工作全部在专用胎架上制作。中部单元的主梁腹板及上、下翼缘板采用定尺板，以减少对接缝。

(8)在组装主横梁时，主横梁两端头腹板与上、下翼缘的焊缝预留300mm缓焊，作为分节总成时主梁腹板对接错位的补偿。首制件主梁基本完工，在取得一定经验数据后，其他中部单元的主梁余量宜在主梁参与中部单元制造前用半自动切割机割掉。

(9)闸门门叶拼装过程：

1)将焊好的面板按分节依次铺在工作台上，焊好定位块。

2)面板整体放线，打样冲，特别注意对角线打样冲，校验对角线，先划门叶纵中心线，底梁腹板中心线作为基准，然后划主横梁、次梁、顶梁组装线，梁间距加0.6/1000～0.8/1000的收缩余量，划纵梁、门轴柱隔板、斜接柱隔板装配线。

3)将焊好的主梁、纵梁依次吊入工作台面板上，组装顺序：面板→底梁→主横梁→顶梁→次梁→纵梁→门轴、斜接柱前封板→门轴、斜接柱端板→门轴、斜接柱隔板→门轴、斜接柱加强肋→(焊接)→门轴、斜接柱后封板→(焊接→翻身)→门轴、斜接柱面板→(焊接)→底止水座、中缝止水座→其他所有零、构件组装。

4)拼装主梁，校验尺寸线，主梁的腹板与闸门面板要垂直。

5)拼装纵梁、校验尺寸线，纵梁的腹板与主梁的腹板要垂直，纵梁的腹板与闸门面板要垂直，纵梁的翼板与主梁的翼板要平齐。

6)依次拼装其他件。

7)检查两主梁距离，加固主梁、纵梁。

8)根据图纸及设计要求进行检查。

9)整体拼装的定位焊工艺和对焊工的要求与正式焊缝相同。定位焊长度在50mm以上，间距为100～400mm，厚度不宜超过正式焊缝的1/2，且最厚不超过8mm，定位焊的引弧和熄弧点应在坡口内，严禁在母材其他部位引弧。定位焊后的裂纹、气孔、夹渣等缺陷均应清除。整体拼装后闸门由质检部进行拼装验收，方能进入下步焊接工序。

10）顶梁、底梁、主横梁腹板端头，门轴柱、斜接柱肋板数量较多且形状不规则，应根据图纸每种样式制作样板画线。

11）人字门的制造需要根据场地、运输起吊能力进行分段制作，然后运至现场拼装。门叶的分段应遵守以下原则：面板分段位置应与斜接柱、门轴柱的前封板分段位置相互错开150mm以上，斜接柱、门轴柱端板分段位置应与相应的前后封板分段位置相互错开150mm以上，并且必须避开中枢的安装位置，里面支承肋100mm以上。分段区格内纵梁、斜接柱、门轴柱的隔板均不应再断开。

12）画线选用的量具要求有较高精度，且具有有效使用期内的计量检定合格证（附修正值）；画线应根据图纸、工序流程卡的要求，在相应材料上进行。画线尺寸按“零件1∶1尺寸＋割口余量（手工割为2mm，自动割为3mm）＋机加工余量＋焊接收缩预留量”进行，未裁边钢材加20～30mm裁边量。

2. 人字门顶枢制造

顶枢是人字闸门的重要部件之一，它要保证人字闸门在开关过程中与底枢一起共同支承住门体，并能灵活旋转；顶底枢配合犹如撬扛的支点，承受着一种非正常性的作用力；当两扇门叶同时处于全关位置时，两扇门叶在平面上形成三铰拱，承受上下游水位差形成的压力，理想状态下此时的顶枢和底枢并不是三铰拱的支承点，三铰拱的支承点是支枕垫块，也就是说，人字闸门在关门挡水时，顶、底枢退出工作不承受水压力，这是设计的理想状态。但实践证明，这种顶、底枢支承和支枕垫块支承的明确切换是很难办到的，尤其是门叶在进入全关状态的瞬间和离开全关位置的瞬间，由于设计、制造、安装、运行环境和运行磨损等方面的不利因素相叠加，支枕垫块提前接触，支垫块运动受阻，此时顶枢将承受非正常性的作用力和冲击力，因此顶枢的设计和制造要考虑满足上述工况要求。

顶枢的材料选择是满足顶枢工况要求的基础，需选用冲击韧性较好的材料，选用机械性能符合要求的材料配合热处理及加工工艺。通常材料选用：三角拉架（Q345B）、枢轴（40Cr锻钢）、拉杆（35锻钢），锻钢毛胚加工前要进行100%超声探伤检查，如果存在超过标准规定的缺陷，则必须进行更换，不允许补焊处理。顶枢轴、拉杆等部件，首先进行粗加工，然后进行调质热处理，经硬度和探伤检验合格后，再进行精加工，达到设计图纸的要求。顶枢轴表面镀铬，先镀乳白铬0.05mm，再镀硬铬0.05mm，经精磨加工后镀层厚度为0.08～0.10mm。自润滑轴套材质选用铜基镶嵌自润滑材料，具有自润滑、免维护性能，通常使用年限50年以上，自润滑轴套和拉杆内圈的配合为过盈配合，可采用温差法配合压力机压入拉杆，温差法就是利用热胀冷缩的物理特性，又分为加热法和冷缩法。加热法是采用介质、电阻或感应等加热方法对拉杆加热，使拉杆内圈胀大装入轴套；冷缩法通常采用液氮冷却，将自润滑轴套冷冻后装入拉杆内圈，冷却轴套时可用细铁丝缠好放进液氮中，铁丝露在外面，等冷却好后戴上石棉手套用细铁丝将零件取出，解下细铁丝后再安装。因为液氮沸腾后即气化蒸发，当冷却容器较小时一次装入的液氮量不足以将零件冷却到所需的温度，可分几次加入液氮直到零件不再沸腾为止。冷却前要检查零件表面是否有伤痕，以免在冷却时由于低温脆硬和热应力而产生裂纹。顶枢各部件加工完后要进行预组装，并对整体组装进行检验。

连接活动拉杆的花篮螺母可以选用35钢、45钢锻造，粗加工后进行调质热处理，并进行内部质量100%超声探伤检查，精加工到设计图纸后需要螺母“发蓝处理”（一种氧化膜防锈处理。采用碱性氧化法或酸性氧化法使金属表面形成一层氧化膜，以防止金属表面被腐蚀，此处理过程称为“发蓝”）。

3. 人字门支、枕垫制造工艺

人字门支、枕垫通常都是把支垫块或枕垫块嵌在门上或闸墙中的铸钢座上，安装时铸钢座与门叶之间放入不同厚度的垫板进行调整，支枕垫块和铸钢座之间还留有安装间隙作精调，支、枕垫块与铸钢座之间有调整螺钉可以调整间隙，安装完毕后，在该间隙里注入环氧树脂或巴氏合金等垫层材料固定。

支、枕垫块材料基体采用45钢锻造。支枕垫块的材料也有选用整体不锈钢或选用优质碳素钢加不锈钢复合材料。采用复合材料的成本较高时，也可以在支枕垫块的接触面上嵌焊不锈钢板。支、枕垫块为保证耐磨及良好的机械性能，还需要配合热处理工艺，如调质、固溶处理。

支、枕垫块的底座通常选用铸钢件制造，铸钢支、枕座不得有裂纹，当有缺陷时，经补焊后不影响使用性能者，允许补焊处理。铸件缺陷补焊前，应将铸件缺陷处清除干净，呈良好的金属母材，裂纹等缺陷应开坡口及钻止裂纹。补焊应选用接近该铸件性能优质的焊条。补焊铸件时，应将铸件预热至200℃以上，焊后应进行热处理，以消除内应力。

按施工图要求对各种支枕垫块进行机加工。工作接触面的粗糙度要达到较高标准，加工后支、枕垫块应逐对对工作面配装研磨，研磨的方向必须沿工作面的横向，研磨至使工作面接触紧密，局部间隙通常要求不大于0.05mm，且累计长度不应超过支、枕垫块长度的10%。配装研磨后注意成对用临时连接板对扣成一体，避免安装前弄混或损伤支承面，节间需设有定位设施，节间表面错位要求标准高。研磨后对支枕垫块进行全长预组装，检查工作面中心线的直线度偏差以及支枕垫块端面接缝的间隙符合要求。

支枕垫的大致加工流程为：

(1) 单件按分解图进行加工控制；

(2) 粗加工后热处理并做内部探伤检验；

(3) 以底面及一个侧边为基准且在基准边上打上标记，作为以后画线钻孔铣端头基准；

(4) 铣端头的垂直度用工装进行控制，钻孔用模板进行；

(5) 支、枕垫出厂前应逐对配装刮研，研磨后使局部间隙

≤0.05mm，其累计长度不超过总长的10%。

(6) 支、枕垫的钻孔要用专用模板配装画线时，注意对称关系，将中心线打上样冲，标注模板代号及方向，施工人员正确选用模板，经检查无误方可钻研孔，攻丝，检查工作面及接口的配合要求，合格后按编号图编号。

(7) 试组：相邻3根支、枕垫为一组，检查端头接触精度局部间隙≤0.05mm且每根支、枕垫两端均应与相邻端试组一次。

4. 人字门底枢制造工艺

门叶在底枢和顶枢之间的竖向结构应该视作一根柱子，可以称它为门轴柱，底枢就是这个门轴柱的下部支点，人字闸门在开或关的整个运行过程中，通过顶盖和球瓦将作用在底枢装置上的门重力和水平力传到蘑菇头的球面上，再通过蘑菇头底部的圆柱面和底平面，将力传到基座上。底枢采用球铰主要是为了适应随时变化的作用力，当然，底枢采用球铰更能适应顶枢或底枢的不均匀磨损。

组成底枢的核心部件主要是蘑菇头和球瓦。

蘑菇头的材质通常选用锻钢(45＃、40Cr)，锻钢件的机械性能满足蘑菇头工作需要，制造工艺日益成熟，取材方便，热处理调质容易得到预期的性能要求，且锻钢件在堆焊不锈钢时焊接工艺已比较成熟。具体工艺流程要点如下：

(1) 蘑菇头的材料采用锻钢件，锻钢件质量需满足相关规范Ⅰ类锻件要求，按《钢锻件超声检测方法》(GB/T6402—2008)中2级标准进行内部质量检验和评定，经调质热处理后，热处理硬度HB≥200，蘑菇头按图加工后工作面表面堆焊不锈钢(1Crl8Ni9Ti)，堆焊后进行表面精加工，表面硬度HB≥180，不锈钢层加工后的厚度≥3mm，球面的粗糙度*Ra*值≤0.32μm。

(2) 按照堆焊不锈钢前的尺寸定出粗加工尺寸进行粗加工，按要求对蘑菇头进行调质处理。

(3) 探伤检验。

(4) 堆焊不锈钢。

1）堆焊时把蘑菇头工件固定在“回转工作台”上，可根据堆焊运条需要，调整“回转工作台”速度。

2）用厢式电炉对工件进行预热，以防止在堆焊过程产生龟裂，蘑菇头焊前预热温度为200～250℃，焊后进行消除应力热处理（后热处理：加热后保温缓冷）。

3）蘑菇头选用不锈钢焊条堆焊，第一层选用焊条直径为ϕ3.2，其余为ϕ4，采用手工电弧焊工艺方法进行。

4）因蘑菇头工件较大，预热升温较繁琐，所以一旦准备工作做好，要求三班连续不停的堆焊。在堆焊过程中，电弧热量不断传导给工件，只要工件温度不低于150℃，可不用再预热。可以每班4位焊工，2位焊工对称施焊，4位焊工轮流施焊，焊接速度应基本保持一致和协调，并确保焊道排列整齐，焊层厚薄保持均匀的技术要求。

5）蘑菇头堆焊不锈钢焊条总的施焊技术要求是小规范，小焊条，小线能，较快焊速，采用多层多焊道。球状蘑菇头采用多层（三层以上）多焊道，第一层使用焊条直径为ϕ3.2，电源：直流反接；电流强度：100～120A。第二、三层及以后各层使用焊条直径为ϕ4，电流强度：130～135A。堆焊层次厚度：第一层堆焊厚度1.5～2mm，第二、三层每层厚度2～2.5mm，但不得低于2mm，堆焊三层后5～8mm，不得低于5mm。焊前不锈钢焊条须经250℃烘干1h，随取随用，注意不要多次反复烘焙，避免药皮脱落。为防止由电弧加热而产生晶间腐蚀，焊接电流强度不宜过大，一般比碳钢焊条应低20%左右，电弧不宜过长，层间快冷，以窄焊道为宜，运条方法采用窄焊道型运条方法为好，焊条不做横向摆动，焊条角度：焊条前倾角10°～30°，下倾角约15°。

在堆焊过程中，要注意各焊道之间的连接熔合，要求后焊道焊缝必须熔合前道焊缝1/3～1/2宽度。这样才能使各焊道之间紧密连接，以防止产生夹渣和未焊透等缺陷，见图4-75。堆焊时，还要注意每条焊道结尾处不应有过深的弧坑，应采取填满弧坑或将熔池引到前一条堆焊缝上的方法。每焊一道环周堆焊后，可不进行打渣，连续堆焊并排列另一道环周焊缝，直到把球形周面堆焊完为止。在堆焊过程中，如发现气孔、裂纹、个别焊肉超高，要及时铲除，气孔、裂纹要补焊好。整个球体焊完一层后，要用工艺样板进行仔细测量，个别地方太薄可用直径 φ3.2mm 不锈钢焊条薄薄的堆焊一层，但不得超过原堆焊层厚度，经过检查确实没有气孔、裂纹、夹渣或厚度不均等，方可进行第二、三层次的堆焊。半圆球蘑菇头堆焊不锈钢层加工后不允许有任何气孔、裂纹、夹渣、黑皮存在。

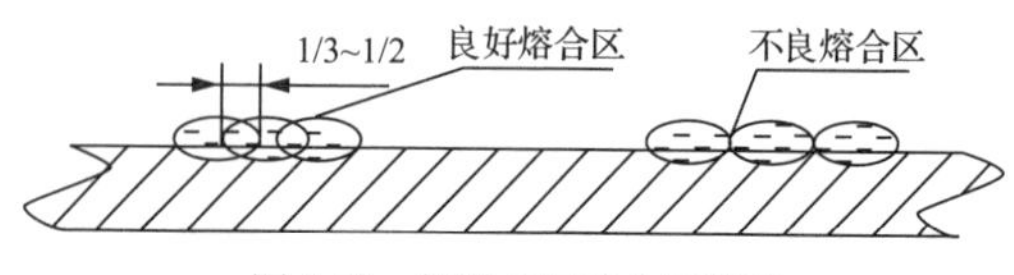

图 4-75　焊道之间熔合示意图

6) 堆焊层外观质量检查标准：气孔（针状，密集形气孔）、裂纹、夹渣不允许有。堆焊层排列整齐，厚度要均匀，用工艺样板检查堆焊层高低差不大于 1.5mm。

(5) 精加工，球面分半精车和精车两步，即第一步先对球面进行半精车，然后与球瓦试配，根据试配的情况确定最后的精车方案，进行精车。半精加工后需重新探伤检验，检验堆焊后的内部和表面缺陷。

(6) 精磨后，用色油对蘑菇头与球瓦的配合进行接触面检查，从而根据色油接触情况对球瓦进行手工研配。要求两者装配后应转动灵活，无卡阻现象；蘑菇头与球瓦接触面应集中在顶部圆心角 20°～120°范围内，总接触面积达 75%以上，接触点数在每 25mm×25mm 面积内不少于 1～2 个点。

(7) 蘑菇头与球瓦研配交验后，将蘑菇头与球瓦分开进行清洁处理。

球瓦的制做工艺要点如下：

底枢球瓦可以采用铜基镶嵌自润滑材料，要求有良好的防水、防泥沙密封装置，具有自润滑、免维护性能，使用年限要求 50 年以上，自润滑材料可以不再要求布置单独油路系统，但对球瓦材料及底枢的密封性标准要求较高。

通常球瓦材料选用铸造铝青铜，铝青铜容易加工，热处理后工作表面硬度 HB≥160，加工后表面摩擦系数 0.08～0.12，考虑润滑及受力均匀，球瓦内顶部 120°范围布置 4～6 道油槽，油槽宽度设计要考虑蘑菇头总接触面积满足受力要求，同时要保证油槽储油润滑需要，需优化设计受力和润滑趋于合理。按设计要求对顶盖和底座进行机加工，加工顺序为：先用刨床刨出基准平面；画线，确定中心线，然后上车床车圆或刨其他加工面；铸钢顶盖内圆加工后要进行测量，同时要测量球瓦的外圆，确保二者达到设计要求的配合，最后加工球瓦内油槽；球瓦加工完成后采用油压机将球瓦压入铸钢顶盖（也可以采用前述轴套装入拉杆的温差法将球瓦装入顶盖），球瓦和顶盖接缝之间钻孔攻丝，用骑缝螺钉固定。对蘑菇头和球瓦之间进行配研并进行压蓝油检验，检验其密实度，直到达到要求。

球瓦与顶盖上部开有油管孔连接油路，常见故障有：供油压力不足，密封圈的负压较大，输入蘑菇头和球瓦之间的压力油很难从密封圈排出，导致蘑菇头和球瓦之间供油不足而严重磨损。因此油路布置要考虑：①增设回油管，经常从回油情况来检查是否供油到位。②采用锂基脂加 20%机油调匀后作为底枢的润滑油，增大润滑剂的流动性。③适当加大供油压力。

5. 闸门制造厂预组装

（1）各节门叶制作完毕，进行自然时效消除焊接残余变形后，再进行整体组装及机加工。

（2）在大拼装平台上，测放出整扇闸门的大样，原则上进行无余量总装，然后分别吊各节门叶，挡水面板向下拼放调平。在大拼时，重点控制分段面板之间的间隙、面板边的直线度、边柱的直线度、同面度等。

（3）检查整扇门叶的宽度、高度、对角线、纵向隔板的错位等尺寸。合格后，在门叶组合处做上明显的标记、编号，设置可靠的定位块装置。

（4）在门叶上测放出门叶的中心线，再在顶、底主梁上测放出门轴柱和斜接柱的支承承压连线，并以此为基准画出水封座板线、门轴柱及斜接柱支枕垫位置线、顶底枢中心位置线等，并以此为基准，确立底枢顶盖、顶枢架及导卡座与顶、底主横梁的连接平面，采用专门平面铣削设备对接触面进行铣削加工（其中底止水座上通常贴焊光面不锈钢板，加工后 $Ra \leqslant 3.2\mu m$，加工后的不锈钢厚度不小于 8mm）。加工完毕，按规范及图样要求检验座面的平面度、表面粗糙度等。

(5) 在门叶上测放出背拉杆及节点板的位置线，装焊节点板并试拼背拉杆。

(6) 在门叶顶主梁上测放出顶枢轴位置线及推拉杆轴位置线，在底主梁上定出底枢定位轴的位置线，做好标记待到现场后镗孔。

(7) 吊装底枢上盖到位调整固定，然后配制螺孔。吊装对中导卡到位调整固定，然后配制螺孔。

6. 人字门质量检测和控制

(1) 产品项目检验计划见表 4-10。

表 4-10　　检验计划

产品名称：人字门及埋件
采用标准： 《水电工程钢闸门制造安装及验收规范》(NB/T 35045—2014) 《水工金属结构防腐蚀规范》(SL 105—2007) 《焊缝无损检测 超声检测技术、检测等级和评定》(GB/T 11345—2013)
试验标准： 《碳素结构钢》(GB/T 700—2006) 《低合金高强度结构钢》(GB/T 1591—2008) 《奥氏体锰钢铸件》(GB/T 5680—2010) 《一般工程用铸造碳钢件》(GB/T 11352—2009)
材料试验项目： 物理性能试验，化学分析试验，焊接性能试验
制造过程检验及试验项目细分：

续表

序号	过程阶段	检验及试验项目
1	原材料进厂检验	理化试验、炉号、批次、外观、尺寸规格
2	外购件、外协件检验	理化试验、硬度检验、无损探伤检验、外观、尺寸规格
3	下料检验	外观尺寸、坡口型式
4	零部件检验	外观尺寸、焊缝外观质量、无损探伤检验
5	构件组装、焊接检验	外观尺寸、焊缝外观质量、无损探伤检验
6	部件总装检验	整体尺寸
7	防腐检验	除锈等级、涂层外观质量、涂层厚度、涂层结合力试验
8	整体预验收	制造、监理参加
9	验收检验	制造、监理、设计、业主参加验收

(2) 人字门铸件、锻件毛坯检验见表4-11。

表4-11　　铸锻件检验

<table>
<tr><th>序号</th><th colspan="2">检验部件名称及检验项目</th><th>合格标准值</th><th>检查、测试、试验方法</th></tr>
<tr><td>1</td><td rowspan="4">支、枕垫的底座(铸件)
底枢球瓦的顶盖及蘑菇头固定座(铸件)
顶枢拉杆固定座(铸件)
底枢球瓦(铸铜件)</td><td>裂纹</td><td>不允许</td><td>用20倍放大镜或磁粉探伤检验</td></tr>
<tr><td>2</td><td>孔眼面积</td><td>≤1cm², 且100cm²不超过1处</td><td>用钢板尺或游标卡尺检验</td></tr>
<tr><td>3</td><td>孔眼深度</td><td>≤0.5cm, 且不大于所在壁厚1/10</td><td>用深度尺或带深度尺的游标卡尺检验</td></tr>
<tr><td>4</td><td>内部缺陷面积</td><td>317mm×317mm的评定框内最大缺陷75mm²且不超过2处</td><td>表面粗加工后超声波检验</td></tr>
<tr><td>5</td><td>顶枢拉杆体及花篮螺母(锻件)</td><td>裂纹、缩孔、折叠、夹层、锻伤</td><td>不允许</td><td>用20倍放大镜或磁粉探伤检验</td></tr>
<tr><td>6</td><td>门轴柱及斜接柱支、枕垫块(锻件)</td><td rowspan="2">其他缺陷</td><td rowspan="2">依据图纸</td><td rowspan="2"></td></tr>
<tr><td>7</td><td>蘑菇头(锻件)</td></tr>
</table>

（3）人字门焊缝检验见表 4-12。

表 4-12　　　　焊缝检验

<table>
<tr><th rowspan="2">序号</th><th rowspan="2" colspan="3">项目</th><th colspan="3">允许缺欠尺寸/mm</th></tr>
<tr><th>一类焊缝</th><th>二类焊缝</th><th>三类焊缝</th></tr>
<tr><td>1</td><td colspan="3">裂纹</td><td colspan="3">不允许</td></tr>
<tr><td>2</td><td colspan="3">焊瘤</td><td colspan="3">不允许</td></tr>
<tr><td>3</td><td colspan="3">飞溅</td><td colspan="3">清除干净</td></tr>
<tr><td>4</td><td colspan="3">电弧擦伤</td><td colspan="3">不允许</td></tr>
<tr><td>5</td><td colspan="3">未焊透</td><td>不允许</td><td>不加垫板单面焊允许值≤0.5δ且≤1.5，每 100mm 焊缝长度范围内缺欠总长度≤25</td><td>≤0.1δ且≤2 每 100mm 焊缝长度范围内缺欠总长度≤25</td></tr>
<tr><td>6</td><td colspan="3">表面夹渣</td><td colspan="2">不允许</td><td>深≤0.1δ，长≤0.3δ且<15</td></tr>
<tr><td>7</td><td colspan="3">咬边</td><td>深≤0.5</td><td>深≤0.5</td><td>深≤1</td></tr>
<tr><td>8</td><td colspan="3">表面气孔</td><td>不允许</td><td>直径小于 1mm 的气孔每米范围内允许 3 个，且间距≥20mm</td><td>直径小于 1mm 的气孔每米范围内允许 5 个，且间距≥20mm</td></tr>
<tr><td rowspan="2">9</td><td rowspan="2">焊缝边缘直线度</td><td colspan="2">焊条电弧焊
气体保护焊</td><td colspan="3">在焊缝任意 300mm 长度内≤3</td></tr>
<tr><td colspan="2">埋弧焊</td><td colspan="3">在焊缝任意 300mm 长度内≤4</td></tr>
<tr><td>10</td><td rowspan="5">对接焊缝</td><td colspan="2">未焊满</td><td colspan="3">不允许</td></tr>
<tr><td rowspan="2">11</td><td rowspan="2">焊缝余高</td><td>焊条电弧焊
气体保护焊</td><td colspan="3">平焊 0～3，立焊、横焊、仰焊 0～4</td></tr>
<tr><td>埋弧焊</td><td colspan="3">0～3</td></tr>
<tr><td rowspan="2">12</td><td rowspan="2">焊缝宽度</td><td>焊条电弧焊
气体保护焊</td><td colspan="3">盖过每侧坡口宽度 2～4，且平滑过度</td></tr>
<tr><td>埋弧焊</td><td colspan="3">开坡口时盖过每侧坡口宽度 2～7，且平滑过度；不开坡口时盖过每侧坡口宽度 4～14，且平滑过度</td></tr>
</table>

续表

<table>
<tr><th rowspan="2">序号</th><th rowspan="2" colspan="3">项目</th><th colspan="3">允许缺欠尺寸/mm</th></tr>
<tr><th>一类焊缝</th><th>二类焊缝</th><th>三类焊缝</th></tr>
<tr><td>13</td><td rowspan="4">角焊缝</td><td colspan="2">角焊缝厚度不足（按焊缝计算厚度）</td><td>不允许</td><td>≤0.3+0.05δ且≤1，每100mm焊缝长度内缺欠总长度≤25</td><td>≤0.3+0.05δ且≤2，每100mm焊缝长度内缺欠总长度≤25</td></tr>
<tr><td rowspan="2">14</td><td rowspan="2">焊脚</td><td>焊条电弧焊
气体保护焊</td><td colspan="3">K<12　0～3
K≥12　0～4</td></tr>
<tr><td>埋弧焊</td><td colspan="3">K<12　0～4
K≥12　0～5</td></tr>
<tr><td>15</td><td colspan="2">焊脚不对称</td><td colspan="3">差值≤1+0.1K</td></tr>
</table>

注：1. δ—板厚，K—焊脚；

2. 在角焊缝检测时，凹形角焊缝以检测角焊缝厚度不足为主，凸形角焊缝以检测角焊缝焊脚为主。

（4）人字门整体尺寸检验见表4-13。

表4-13　　人字闸门公差或极限偏差

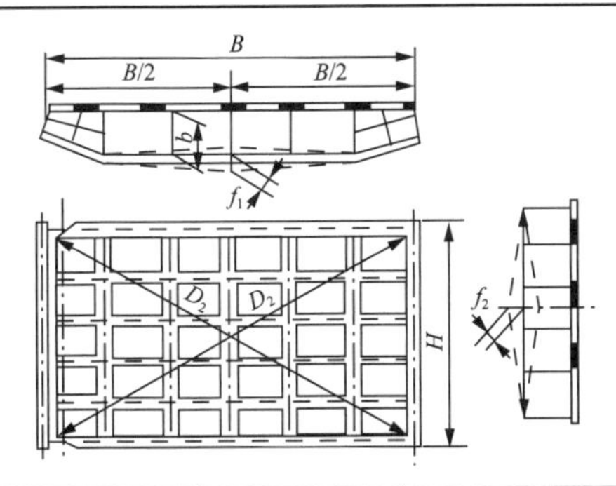

序号	项目	门叶尺寸	允许偏差	备注
1	门叶厚度 b	≤1000 1000～3000 >3000	±3.0 ±4.0 ±5.0	

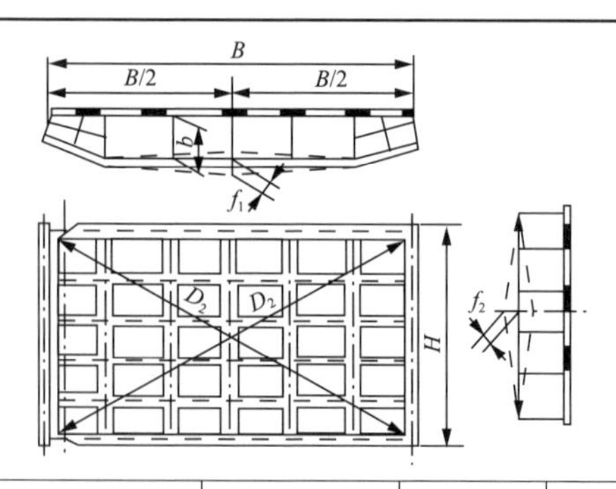

序号	项目	门叶尺寸	允许偏差	备注
2	门叶外形高度 H	≤5000 5000～10000 10000～15000 15000～20000 >20000	±5.0 ±8.0 ±12.0 ±16.0 ±20.0	
3	门叶外形宽度 $B/2$	≤5000 5000～10000 >10000	±2.5 ±4.0 ±5.0	
4	对角线相对差 $\|D_1-D_2\|$	≤5000 5000～10000 10000～15000 15000～20000 >20000	3.0 4.0 5.0 6.0 7.0	按门高或门宽尺寸较大者选取
5	门轴柱、正面、直线度、斜接柱	≤5000 5000～10000 >10000	2.5 4.0 5.0	
6	门轴柱侧面直线度斜接柱		5.0	
7	门叶横向直线度 f_1		$B/1500$，且不大于 4.0	通过各横梁中心线测量
8	门叶竖向直线度 f_2		$H/1500$，且不大于 6.0	通过左、右两侧两根纵向隔板中心线测量

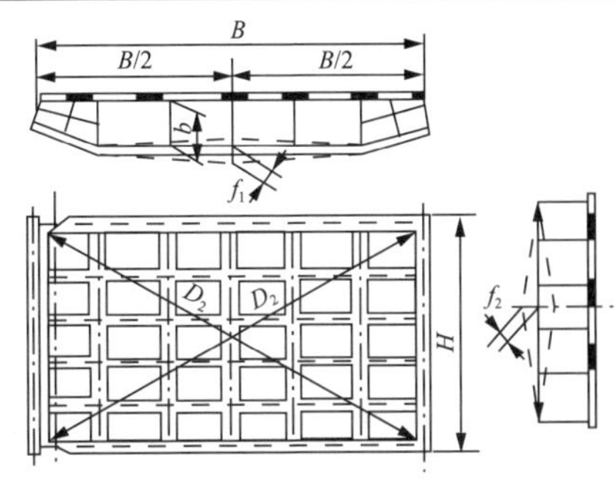

序号	项目	门叶尺寸	允许偏差	备注
9	顶、底主梁的长度相对差	≤5000 >5000～10000 >10000	2.5 4.0 5.0	
10	面板与梁组合面的局部间隙		1.0	
11	面板局部凹凸平面度	面板厚度 ≤10 10～16 >16	每米范围内 6.0 5.0 4.0	
12	门叶底缘的直线度		2.0	
13	止水座面平面度		2.0	
14	门叶底缘倾斜度 2C		3.0	
15	纵向隔板错位		3.0	

第四节　压力钢管的制造

一、概述

1. 压力钢管的用途、分类和布置形式

压力钢管是水电站输水建筑物的组成部分，它是在承受水库、压力前池或调压室中水压力的条件下，将水引入蜗壳，推动水轮机转动，或者将水引入其他设备，以满足供水的要求。图 4-76 为压力钢管的一种布置形式。

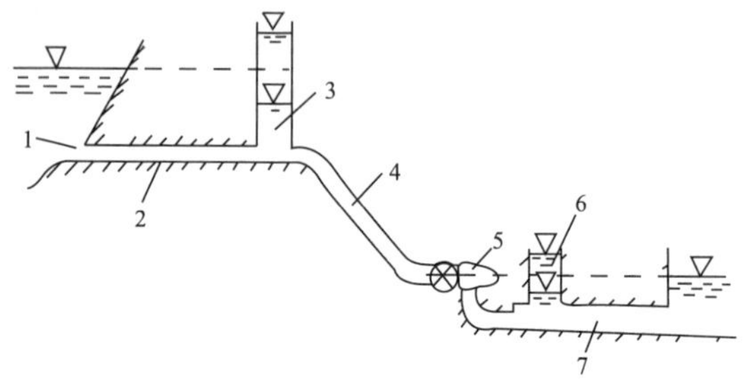

图 4-76　压力钢管布置形式

1—进水口；2—压力隧洞；3—上游调压室；4—压力钢管；5—水轮机；6—下游调压室；7—尾水隧洞

(1) 按压力钢管的布置形式分类。

1) 坝内式钢管。如图 4-77(a)所示，坝上游设有进水口拦污栅和闸门，压力钢管穿过坝身，厂房布置在坝后。图 4-77(b)表示钢管渐变段的变化规律。

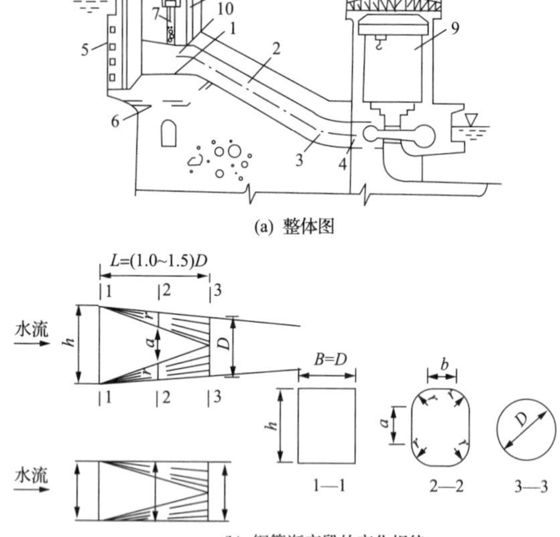

图 4-77　坝内式钢管

1—上弯段；2—斜段；3—下弯段；4—水平段；5—拦污栅；6—旁通管；7—闸门槽；8—通气孔；9—厂房；10—钢管渐变段

2）隧洞式钢管。如图 4-78 所示，这种钢管埋设于引水隧洞的混凝土内，安装比较困难。

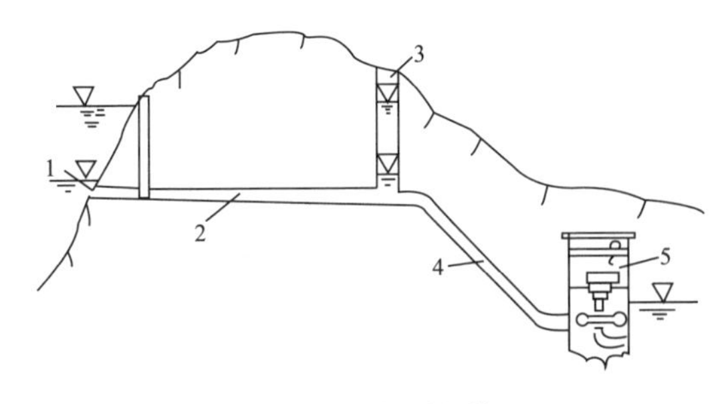

图 4-78　隧洞式钢管

1—进水口；2—引水隧洞；3—调压井；4—压力钢管；5—地下厂房

3）露天式钢管。这种钢管直接裸露于大气中，也称为明管，如图 4-79 所示。明管主要优点是便于检查和维护，缺点是受气温变化影响大，结构比较复杂。

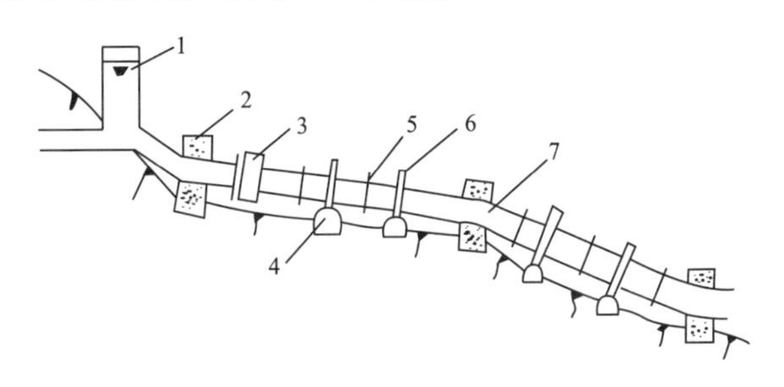

图 4-79　露天式钢管

1—调压井；2—镇墩；3—伸缩节；4—支墩；5—加劲环；6—支撑环；7—钢管

(2) 按压力钢管的工作条件分类：①明管（明钢管）；②埋管（埋藏式钢管）。

(3) 按压力钢管的结构及材料分类：

1）焊接管。焊接管系在工厂卷制成一定曲率的瓦片，然后焊接好纵缝而成为管段。相邻管段的纵缝应错开，且不要布置在横断面的水平轴线或垂直轴线上，而应与轴线夹角大于 15°，如图 4-80 所示。焊接管的直径 $D \leqslant 33t$（t 为管壁厚）

和 $t \geqslant 34$mm 时应进行热处理，以消除由于冷加工和焊接而造成的钢材塑性降低和应力集中现象。

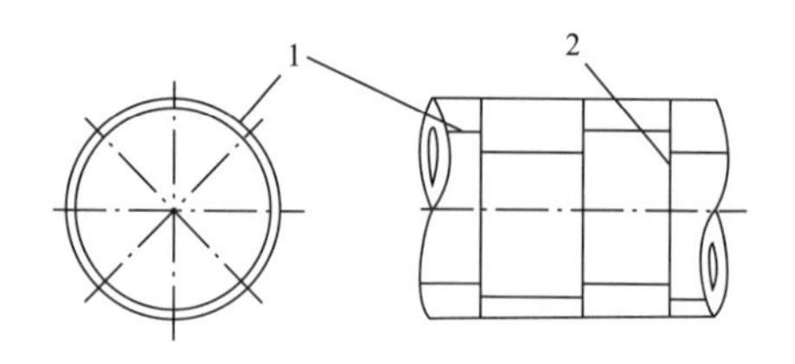

图 4-80　焊接管纵缝与横缝的布置

1—纵缝；2—横缝

2）无缝钢管。无缝钢管是经工厂轧制且没有纵缝的管节，管节之间须用法兰盘或横向焊缝连接。无缝钢管性能可靠，但因受制造条件限制，一般直径在 600～1200mm，适用于高水头、小流量的情况。

3）箍管。箍管是在无缝钢管或焊接管上套以钢箍而成。

在这几种管中，焊接钢管应用最普遍。

(4) 按压力钢管的供水方式分类：

1）单元供水压力钢管。如图 4-81(a)(b)所示，这种供水方式系每一台机组由一根专用压力钢管供水。其结构简单，运行可靠。当某一条钢管或进水口闸门进行检修或发生故障时，只影响与之相连的一台机组工作，而其他机组不受影响，照常运行。所以适用于压力钢管管道较短以及单机流量较大的低水头电站这两种情况。

2）联合供水压力钢管。如图 4-81(c)、(d)所示，用一根大的钢管向几台机组供水，需设置分岔管，并在每一台机组前设置事故闸门。这种供水方式节省钢材，但可靠性差，当压力总管出现问题或进行检修时，影响全厂停机。

3）分组供水压力钢管。如图 4-81(e)、(f)所示，每根钢管向数台机组供水。分组供水的特点介于单元供水和联合供水之间，它适用于压力钢管较长，机组台数较多和容量比较大的情况。

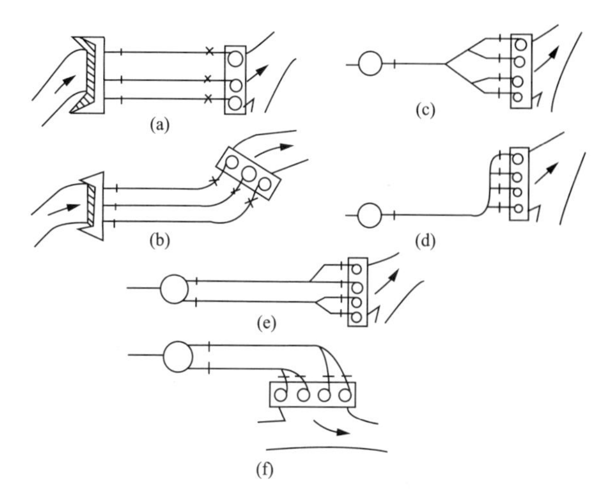

图 4-81　压力钢管的供水方式

（5）按压力钢管管道的连续性分类：

1）设有伸缩节的分段式钢管。这种钢管因温度变化而引起的应力较小，但构造复杂，伸缩节的制造、安装比较困难，容易漏水。在明管中常采用分段式结构。

2）不设伸缩节的连续式钢管。连续式钢管在承受不均匀的沉陷或温度变化时，将产生较大的超静定应力，对安装、拼合的要求也较高。在埋管中常采用连续式结构。典型的温度伸缩节如图 4-82 所示。

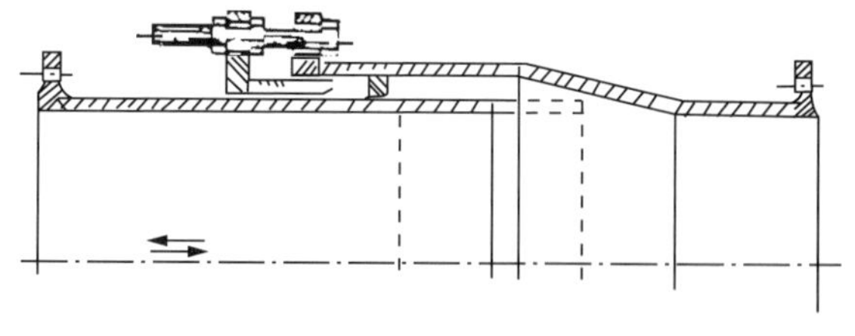

图 4-82　典型的温度伸缩节

2. 压力钢管的组成部分

压力钢管的主要组成部分有主管、岔管、渐变管、锥管、加劲环、支承环、伸缩节和进人孔等。

压力钢管的最主要部分是承受水压力的管壳。如前所述，大部分管节呈直圆筒形，叫主管。仅在分岔处、变径段、弯曲段才做岔管、锥管、弯管等形状。为使水流和应力分布平顺，锥管的圆锥角一般不大于7°。由于钢管管道很长，管壳总是分节制造安装的。管节的长度视设计、制造、运输和安装条件以及板材的尺寸大小所决定。大型钢管管节长度一般为1.5～3m。岔管分为Y型和y型，如图4-83(a)和(b)所示。Y型岔管结构对称，对水流量分配均匀，但分岔管较长。而y型岔管的优缺点与前者相反，但结构比较复杂，水头损失相当大。

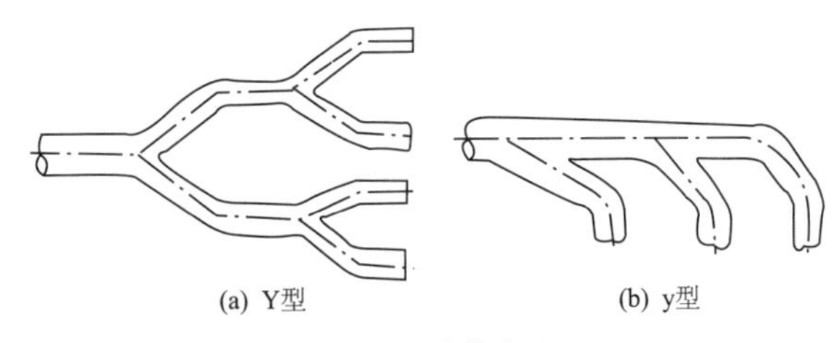

图4-83　岔管类型

渐变管是将闸门后的矩形断面过渡到圆形断面的钢管渐变段管段，如图4-77所示。光滑的圆管能承受很大的内压力，但因属薄壳结构，刚性较差，容易失稳皱曲。通常在管壳外面每隔一定间距设置一道加劲环来增加管壳的刚度。图4-84所示为三种加劲环的断面形式。埋管可不设加劲环，但有时其外壳加设一些锚片或锚筋，如图4-85所示，以使钢管更好地锚固于混凝土中。

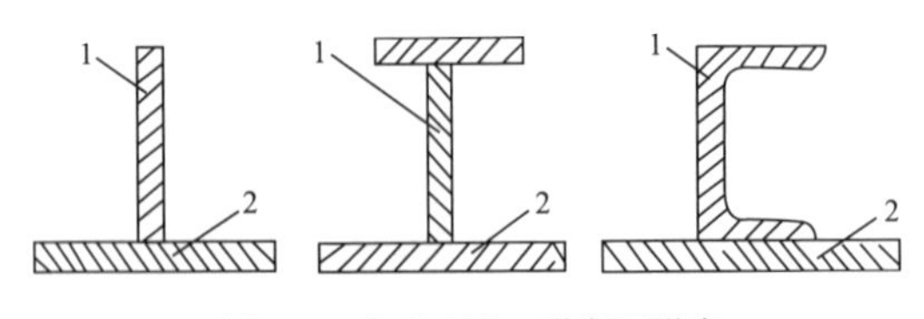

图4-84　加劲环的三种断面形式

1—加劲环；2—管壁

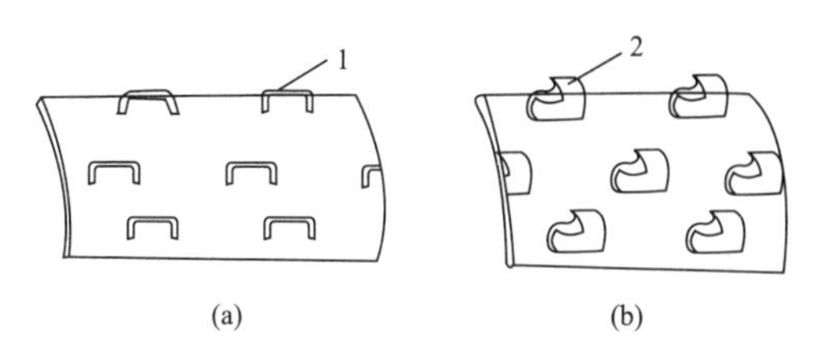

图 4-85　加设锚片或锚筋的钢管

1—锚筋；2—锚片

明管通过支承环架设在支墩（又称支座）上，支墩的间距一般在 6～12m。支承环和支墩承受法向分力而允许钢管沿轴线方向变位。支墩分为三种形式：滑动式、滚动式和摆动式。图 4-86 所示为滑动式支墩，图中（a）为鞍式支墩，钢管放于鞍形混凝土支墩上，在鞍座上常设金属支承面，并加有润滑剂，以减小摩阻力。这种结构适于直径 1m 以下的钢管；图中（b）为支承环式支墩，两点支承，摩阻力相对小一些，适用于直径 2m 以下的钢管。

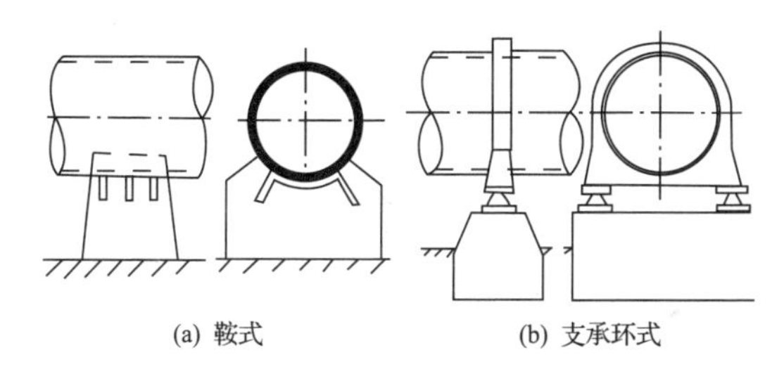

图 4-86　滑动式支墩

滚动式支墩是在支承环与墩座之间加圆柱形辊轴，如图 4-87 所示。它的摩阻力小，适用于直径 2m 以上的钢管，但由于辊轴直径比较小，不能承受较大的垂直载荷，故使用受限制。

摆动式支墩在支承环与墩座之间设一摆动短柱，当钢管伸缩时，短柱以铰轴为中心前后摆动，如图 4-88 所示。这种结构摩阻力很小，承载大，适用于大直径钢管。

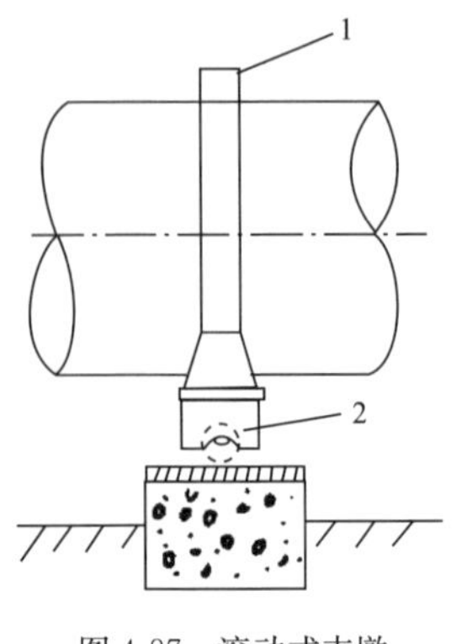

图 4-87　滚动式支墩

1—支承环;2—辊轴

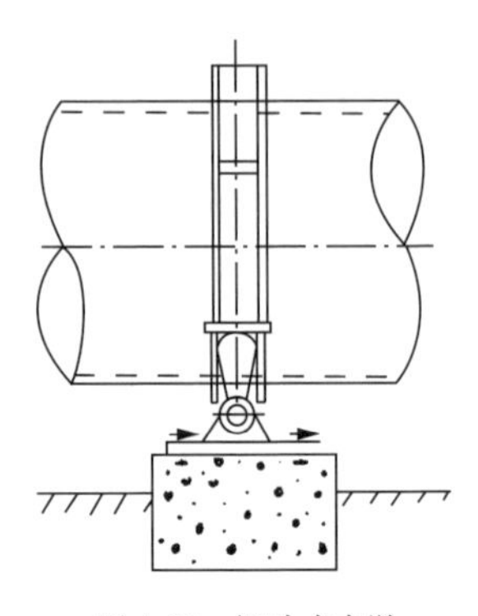

图 4-88　摆动式支墩

明管在转弯处需设置镇墩,将钢管完全固定。镇墩的功能是承受因水管方向改变而产生的轴向不平衡力。当水管的直线段超过 150m 时,在直线段的中间也应设置镇墩,此时伸缩节可布置在中间镇墩两侧的等距离处。图 4-89 为封闭式镇墩,图 4-90 为开敞式镇墩。前者结构简单,对钢管的固定作用好,应用较多;后者易于检修,但使用钢材较多,受力不均匀,用于作用力不大的地方。镇墩需要一定的重量,一般用混凝土浇制。

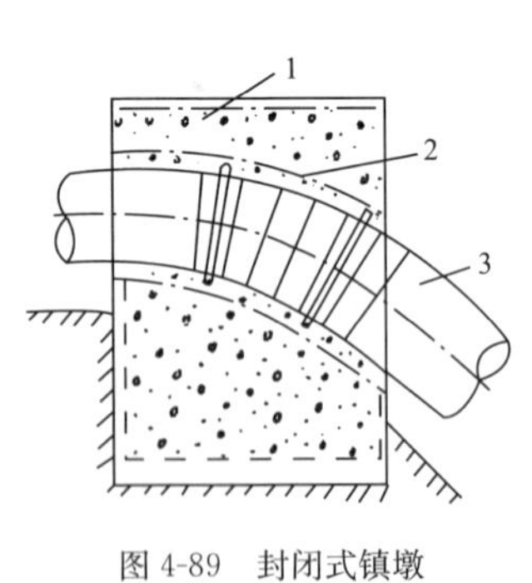

图 4-89　封闭式镇墩

1—混凝土;2—环向筋;3—钢管

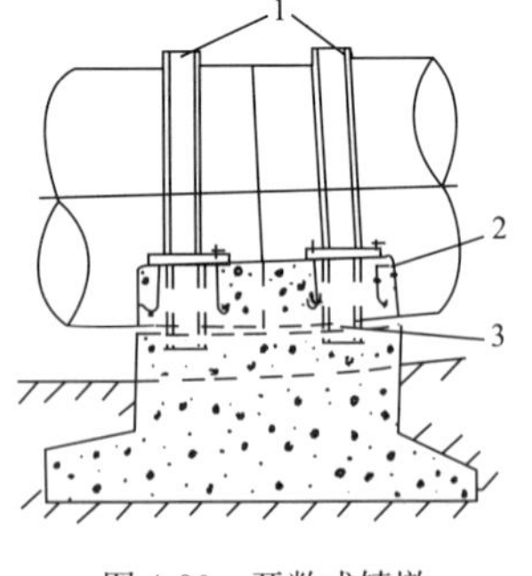

图 4-90　开敞式镇墩

1—锚定环;2—锚栓;3—灌浆处

进人孔用于钢管的检修，如图 4-91 所示，常做成 450～500mm 直径的圆孔，上面用盖板密封。进人孔最好设置在镇墩附近，以便固定钢丝绳、吊篮和布置卷扬机等。

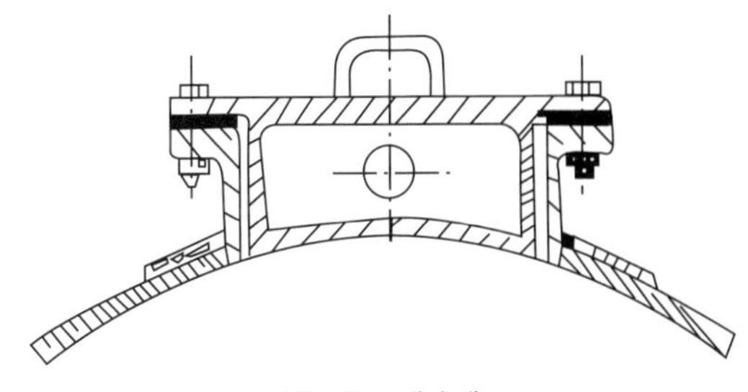

图 4-91 进人孔

有的压力钢管在安装后暂不通水（如相应的水轮机尚待安装），则在钢管末端或内部设置堵头（也叫闷头）。小型钢管堵头可做成平面形，大的须做成锥形、椭圆形或球形，见图 4-92。

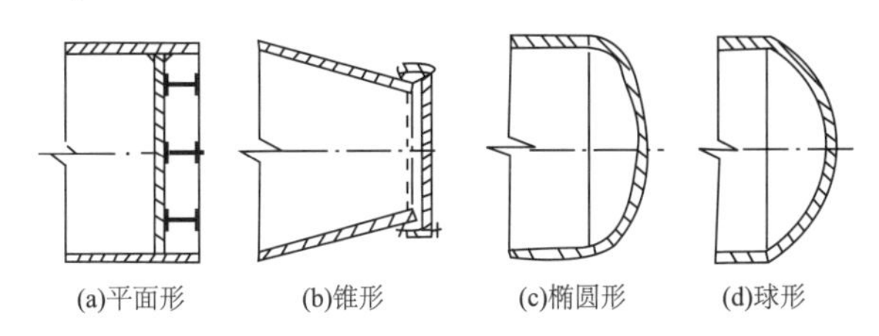

图 4-92 各种闷头

压力钢管必须附设各种设备，例如通气管、旁通管、排水管、放空管及各种闸阀等，但这些设备不作为钢管的一部分，而按附设的独立部件考虑。

二、压力钢管的制造

压力钢管的制造工序分为瓦片制造、单节组装和大节组装。瓦片制造主要指钢材经过下料、卷板等工序制成的半成品；单节组装是将分块瓦片经对圆、焊接等工序制成管节；而大节组装是在厂内把数个管节组装成起重和运输条件允许的大节，以缩短安装工期。

1. 制造准备

压力钢管制造准备工作主要包括组织制造人员、配备施工机械和布置钢管厂。

钢管制造需要下列工种：铆工、焊工、起重工、探伤工和油漆工等。

施工机械有卷板机、刨边机、半自动切割机、手提砂轮机、氧、乙炔瓶、电焊机、空压机、探伤设备、喷涂设备以及吊装瓦片和钢管的起重设施，如移动式门机、电动葫芦等。

有的水电站的全部瓦片在工厂制造，而后运至工地再进行对圆、组装；也有的电站其瓦片在工地制造和安装。两种情况的工作内容和工作量差别很大，由此决定着钢管厂的布置也就不同。

钢管厂布置首先考虑设置足够数量的对圆平台，这是组装管节的主要作业场地，在对圆平台上要进行调圆、上支撑、装加固环以及焊接等工序工作。

对圆平台主要形式有三种：

(1) 钢板平台。钢板平台是在方木和型钢上铺设一定厚度的钢板而成，如图 4-93 所示。这种平台容易铺设，表面平整，但需钢材量较大。

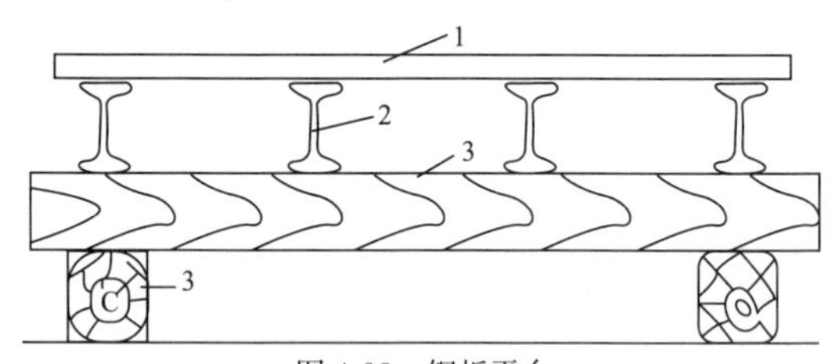

图 4-93 钢板平台

1—钢板；2—型钢；3—方木

(2) 混凝土型钢平台。先把场地清扫、夯实、平整，然后在上面浇筑一层 15～20cm 厚的混凝土，沿圆周方向每隔1～1.5m 开凿长为 500～600mm、宽度 120～150mm 的预留槽，埋设 20 号工字钢，然后浇筑二期混凝土。所有工字钢顶面应调整并加固齐平，且高出混凝土面 70mm 左右，如图 4-94 所示。

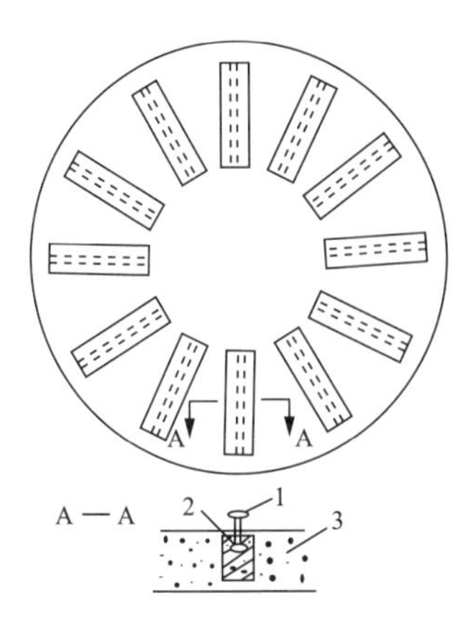

图 4-94　混凝土型钢平台

1—工字钢;2—混凝土槽;3—混凝土平台

(3) 混凝土支墩平台。在对圆位置,沿着钢管四周浇筑混凝土支墩,如图 4-95 所示。支墩间距最好为 1～1.5m,支墩高出地面 300mm 左右,每个支墩上各埋设一个顶部平整的自锁螺旋,这样可以较精确地调节螺栓顶面的高程。这种

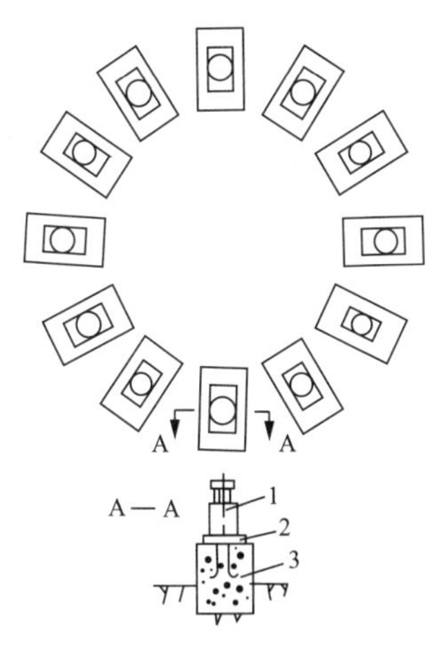

图 4-95　混凝土支墩平台

1—螺旋;2—预埋钢板;3—混凝土支墩

形式的平台除用于对圆外，还可用于上加固环、焊接以及大节组装等项工作。钢管厂要设置数个下料平台，以进行画线、切割等工作。厂内要设置卷板设备，以便进行钢板的卷制工作。下文所述及的岔管制造、伸缩节制造以及钢管的焊接工作都要考虑适当的场地，便于吊运、制造。钢管厂的两侧要布置移动式起重机的轨道。探伤结果分析室最好也设置在厂内或附近。

2. 下料

制作瓦片的钢板在下料前应进行检查。检查内容包括检验钢板与合格证上牌号是否相符；钢板表面有无裂缝、疤结、夹渣、重皮等缺陷；重要工程的钢板应进行超声波检查；对变形大的钢板应予以矫形。经检查合格的钢板再根据规格、尺寸编号分放，以便下料。下料包括画线、切割和刨边三项工作。

(1) 画线。钢板画线的允许偏差如下：长度和宽度允差为±1mm，对角线相对差的允差为 2mm，对应边相对差的允差 1mm，矢高(曲线部分)允差±0.5mm。

在钢板上画线，下面垫以方木，使其保持平整。由于钢管形状不同，画线方法也就不同。

1) 直管画线。假设瓦片的长度为 a，宽度为 b，所谓直管画线就是在钢板上画出一个长边为 a，宽边为 b 的矩形，直管画线的方法很简单，可参见图 4-96 和图 4-97 所示。画线完

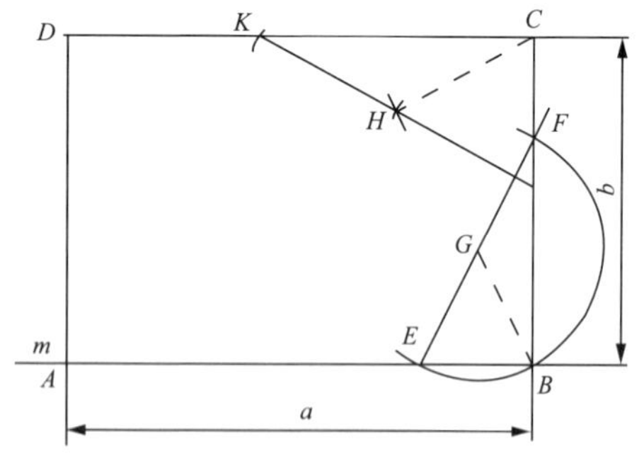

图 4-96　直管画线的第一种方法

毕，检查对角线长度基本相等，便可划画坡口加工线、钢管中心线并打上样冲眼，用白油漆标出管节号、水流方向及坡口加工角度，以便切割。

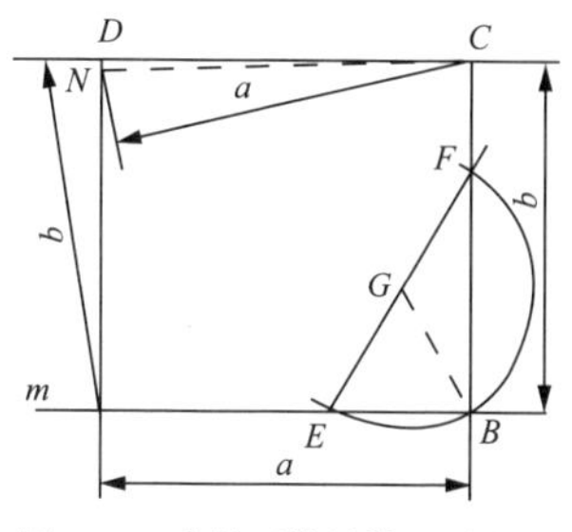

图 4-97 直管画线的第二种方法

2）弯管画线。弯管画线一般采用样板，在管节多时，能提高效率。图 4-98(a)为某一节弯管的主视图和左视图，图 4-98(b)为展开图。由于曲线是对称的，则样板只要作成 1/4 即可。

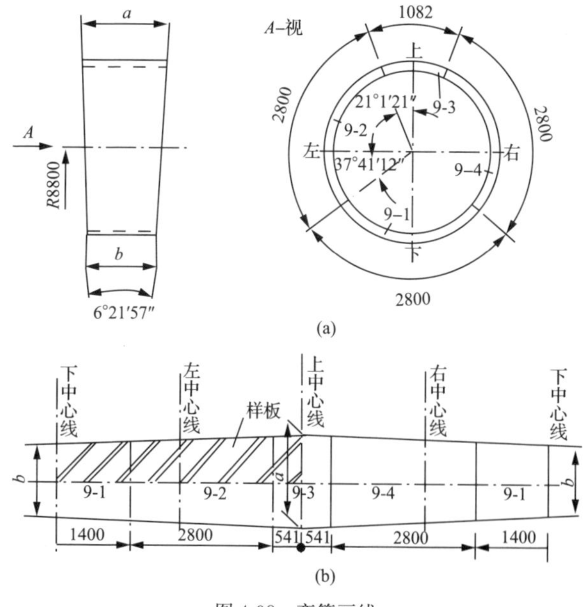

图 4-98 弯管画线

样板用厚为0.3～0.5mm的薄铁皮制作，一节弯管的样板通常做成几块，每块样板长2m左右，应在其邻接处做出明显标记。样板的制作方法如图4-99所示。

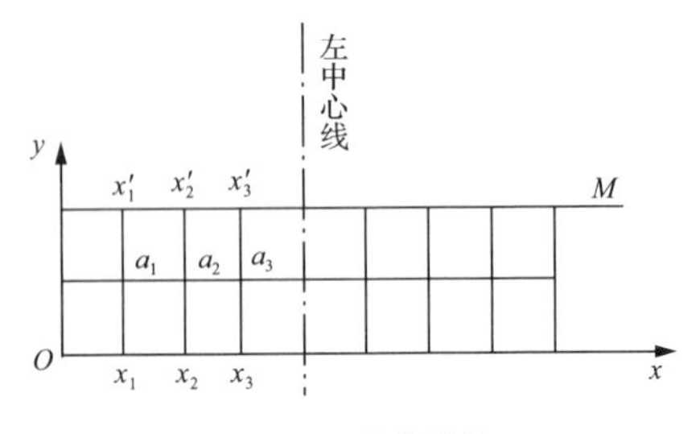

图4-99 弯管样板

弯管样板的制作步骤如下：①在薄铁皮一角处画出x轴线和y轴线，并在适当高度做出x轴线的平行线，即M线；②在x轴线和M线上，分别按图纸上的坐标值画出等分点x_1、x_2、x_3…和x_1'、x_2'、x_3'…；③连接x_1x_1'、x_2、x_2'…，并在其上按图纸上的坐标值y坐标值量出坐标点a_1、a_2、a_3…，④连接a_1、a_2、a_3…，即得所求样板曲线；⑤用铁剪刀剪下样板，用锉刀修整毛刺，用白铅油标出管节号等。

3）锥管画线。锥管的几何图形投影为一圆台，如图4-100所示。

假设圆台上底直径d_1，下底直径d_2，高为h，母线长度L，则此圆台的锥顶角a为

$$a = 2\sin - 1\frac{d_2 - d_1}{2l} \quad (4\text{-}13)$$

此圆台展开后的圆心角θ为

$$\theta = \frac{d_2 - d_1}{2l} \times 360^\circ \quad (4\text{-}14)$$

当同一规格尺寸的锥管节数较多时，用样板画线可提高效率。由于大口与小口的展开图上的曲率半径不同，必须分别制作样板。样板长度一般为半块瓦片的长度。大口与小口的弧度样板曲线可以画在同一张样板上，如图4-101所示。样板制作步骤如下：①薄铁皮上画出x、y坐标，原点为O；

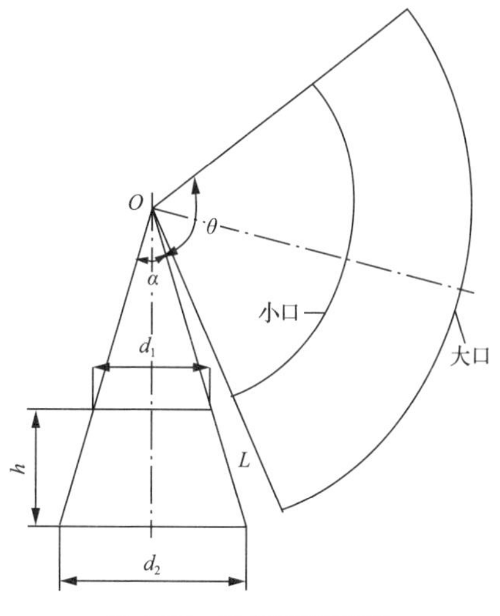

图 4-100　圆台及其展开图

②在 y 轴上下等距作平行于 x 轴的 M、N 两条平行线；③在平行线上按图纸坐标画出等分点 x_1'、x_2'…及 x_1、x_2…；④连接 x_1x_1'、x_2x_2'…并延长，在其上按图纸上 y 坐标值量出坐标点 a_1'、a_2'…及 a_1、a_2…；⑤连接 $a_1'a_2'$…及 a_1a_2…诸点即为样板曲线，再连接曲线上下两个端点，样板的画线即告完成，剪切下来即为样板。

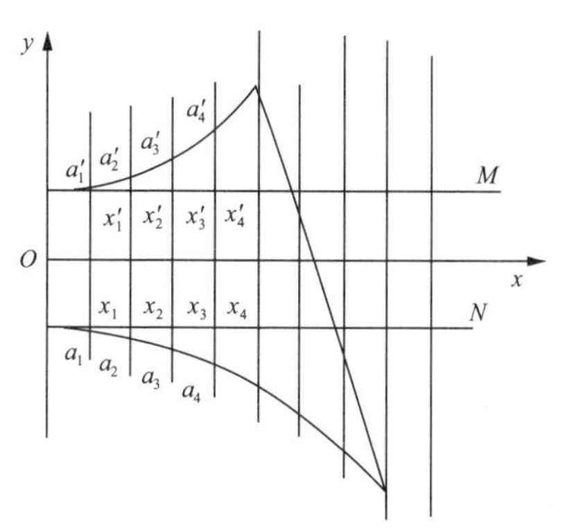

图 4-101　锥管画线的样板

图 4-102 所示为锥管画线，瓦片母线长 $CG=L$，大口弓形高为 a，小口弓形高为 b。用样板对锥管画线的步骤如下：①在钢板上画出矩形 $ABCD$(其中 $AD=BC=b$)，令 CD 为大口弦长，于是大口的弦落在 CD 线上，而小口的弦落在 AB 线上；②在矩形的纵向中心线上量得大口与小口的弓形高 a、b，得出控制点 F、E；③在 AB 线上，从 y 轴线分别向两个方向各量出小口弦长的 1/2，得控制点 G、H；④在 CD 线上，从 y 轴线分别向两个方向各量出大口弦长的 1/2，得控制点 C、D；⑤连接 C、G 和 D、H，得锥管两端的边线；⑥沿控制点 G、E 和 H、E 分别铺上图 4-101 样板，画上小口曲线，再沿控制点 C、F 和 D、F 铺上样板画上大口曲线，锥管画线完毕。

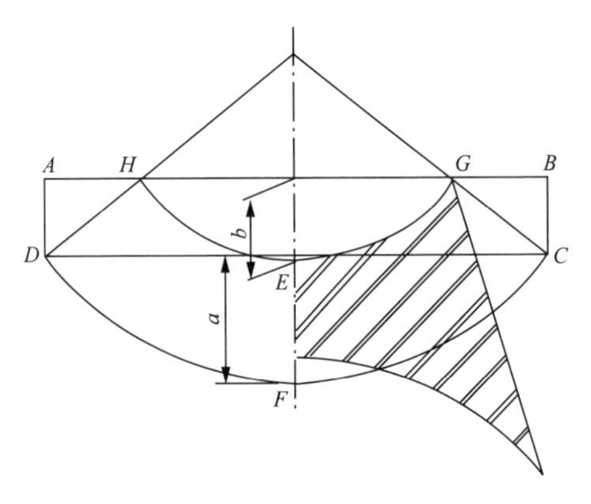

图 4-102 锥管画线

4) 渐变管画线。图 4-77(b)所示渐变管段，是衔接闸门后的矩形断面过渡到圆形断面的连接管段，其采用圆角过渡，即在方形断面的四角上，以小圆弧连接并使圆弧半径逐渐变大，以至四个圆弧最后连成一个圆，如图 4-77(b)断面 3—3所示。

为施工方便，圆弧的中心位置和半径按直线规律变化，同时，一般布置闸门宽度 B 与管道直径 D 相等，而立面上的收缩角一般取 $\alpha=6^\circ\sim8^\circ$。为减少制造安装的工作量，渐变段不宜过长，而为了满足水流条件，它又不宜太短，一般渐变段长度取高压管道直径的 1～1.5 倍为宜。

了解渐变管的渐变规律，根据其有关视图和截面形状，可画出渐变管的展开图。

5）岔管画线。岔管的类型很多，将在下面介绍。现在以常用的Y型岔管为例说明岔管画线方法。图4-103所示Y型岔管，将主钢管对称的分为两岔。圆筒形主管半径 R，轴线 AO。两个岔管各是一节锥形管，锥顶角为 2β，锥管末端半径为 r，锥管的顶点为 B，主管轴线 AO 和锥管轴线 BO 所夹锐角为 α，图中 $ac(a_1c)$ 和 CD 表示主管与两个岔管两两相贯的相贯线投影。

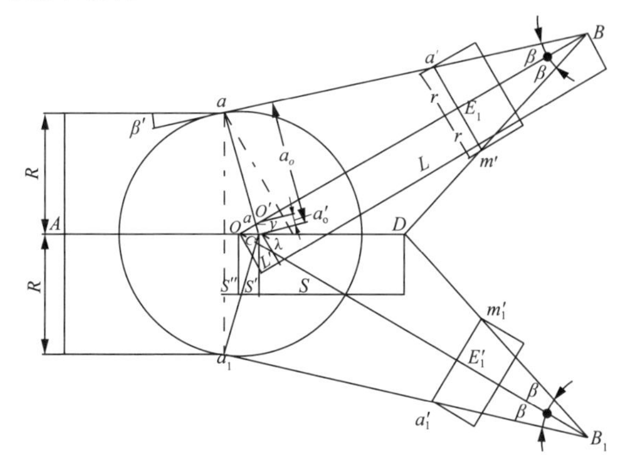

图4-103　标准Y型岔管几何尺寸

根据设计要求，主管与岔管的交角（分岔角）α 及支锥管的锥角 β 有最佳的选择角度。α 小，则水流条件好，但若 α 角过小，加固梁（在 D 点处）的施工将很困难，一般 α 在22.5°～30°之间。β 角一般在12.5°～17.5°之间选用，以利于主、支管衔接平顺，而且有利于应力分布和水流条件。β 和 α 的配合，要使体型上的不连续角 β' 尽量小些，一般 β' 小于10°～15°。当 R、α 及 β 三值选定后，Y型岔管的主要轮廓就已确定。

图4-103中，CD 线位于两支岔管对称平面上时必定是平面曲线，但 Ca 及 Ca_1 都不一定是平面曲线，而从受力和制造上讲，这里需设置加固梁，我们希望它成为一条平面曲线。

由几何学知，如果三根管子能公切于一个球（内分切球），则它们的相贯线就成为平面曲线。

由以上分析可以得出，绘制 Y 型岔管轮廓线的步骤如下：①画出主管轮廓线及其轴线 AO；②作 $OB(OB_1)$，使其与 AO 所夹锐角为 α，即为岔管轴线；③以 O 为圆心，R 为半径作一内切圆；④根据选定的半锥顶角 β，作上述圆周的两条切线，交主管边线于 a 及 a_1，交分岔管轴线于 B 及 B_1，交对称线于 D；⑤过 a 及 a_1 作直线 ac 及 a_1c，使与 OD 所形成的锐角 λ（$\lambda = \mathrm{tg}^{-1}\dfrac{\cos\beta + \cos\alpha}{\sin\alpha}$）交对称轴于 C，则 $aCDm'a'$ 及 $a_1CDm'a_1'$ 即为两个分岔管的轮廓，aC、a_1C 及 CD 就是这三根管子两两相贯的三条相贯线。

（2）切割。钢板画线后，根据标明的坡口角度以及切割线等符号进行切割。切割钢板常用机械切割和气割两种方法。切割后，用砂轮机磨去氧化铁，修出钝边。

当切割弯管、锥管及岔管的曲线部分时，为使切口形状规整，需使用类似靠模的导轨。导轨用槽钢煨成所需曲线形状。也有的导轨为固定在木架上的扁铁，通过螺栓调节成所需曲线形状，如图 4-104 所示。

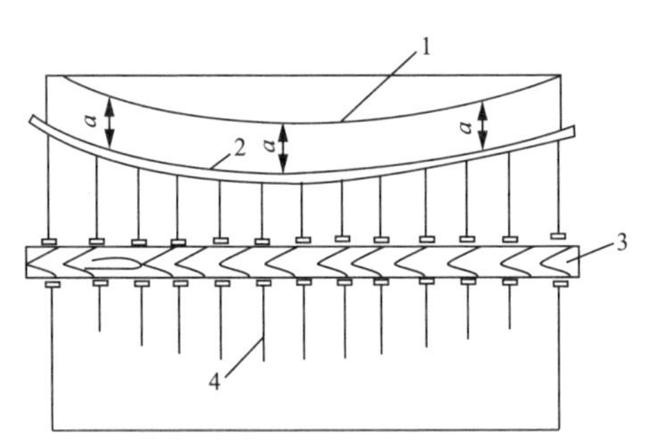

图 4-104　切割导轨示意图

1—切割线；2—扁铁；3—硬方木；4—螺栓

（3）刨边与坡口。钢板画线切割后，有的需用刨边机刨边或加工出坡口，以提高焊接质量。坡口角度主要由刨刀控制。坡口的具体形式与尺寸见表 4-14。

表 4-14 常见焊缝坡口形式 （单位：mm）

序号	适应厚度	基本型式	基本尺寸			焊接方法
1	3～6	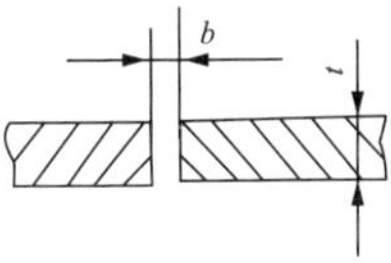	t	≥3～3.5	>3.5～6	手工电弧焊
			b	$0^{+1.0}$	$1^{+1.5}_{-1.0}$	
	6～20		t	>6～20		埋弧焊
			b	0^{+1}		
2	3～26	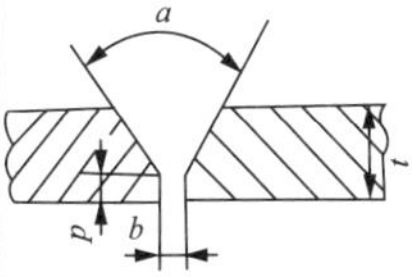	t	≥3～9	>9～26	手工焊（封底或不封底）
			a	70°±5°	60°±5°	
			b	$1^{\pm1}$	2^{+1}_{-2}	
			p	$1^{\pm1}$	2^{+1}_{-2}	
	10～30		t	≥10～20	>20～30	埋弧焊（双面焊）
			a	60°±5°	60°±5°	
			b	0^{+1}	0^{+2}	
			p	$7^{\pm1}$	$10^{\pm1}$	
3	12～60	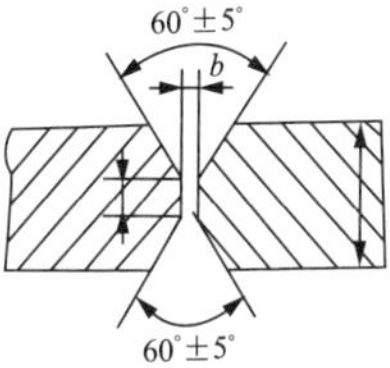	t	≥12～60		手工电弧焊
			b	2^{+1}_{-2}		
			p	2^{+1}_{-2}		
	24～60		t	≥24～60		埋弧焊
			b	0^{+2}		
			p	$6^{\pm1}$		
4	40～60	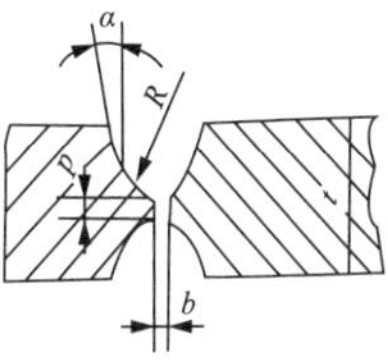	t	≥40～60		手工电弧焊
			a	10°±2°		
			b	2^{+1}_{-2}		
			p	2^{+1}_{-2}		
			R	6～8		
	150～160		t	≥50～100	>100～160	埋弧焊
			a	10°±2°	6°±2°	
			b	0^{+2}		
			p	$8^{\pm1}$		
			R	$10^{\pm1}$		

一般普通低合金钢经过切割表面淬硬，所以要先用硬质合金刨刀刨去硬层，然后才能用高速工具钢刨刀刨削坡口。

3. 卷板与修弧

瓦片卷好后，将瓦片以自由状态立于平台上，用样板检测弧度，其间间隙符合表4-15的规定。若有局部偏差，应进行弧度的修正（简称修弧）。

表4-15　样板与瓦片的允许间隙　（单位：mm）

序号	钢管内径 D/m	样板弦长/m	样板与瓦片的允许间隙
1	$D\leqslant 2$	$0.5D$(且不应小于500mm)	1.5
2	$2<D\leqslant 5$	1.0	2.0
3	$5<D\leqslant 8$	1.5	2.5
4	$D>8$	2.0	3.0

如图4-105所示，常用氧炔火焰来修弧。当瓦片曲率半径偏大，即弧度偏小时，令焊炬在瓦片的内皮上作等速直线移动，偏差值越大，则焊炬移动速度越慢，以提高温度，加大变形。当偏差值小时，则可间断地逐点加热。冷却后，即可修正弧度，如图4-105(a)所示。图4-105(b)是瓦片弧度偏大时的修弧方法，令焊炬在瓦片的外皮上等速直线运动。

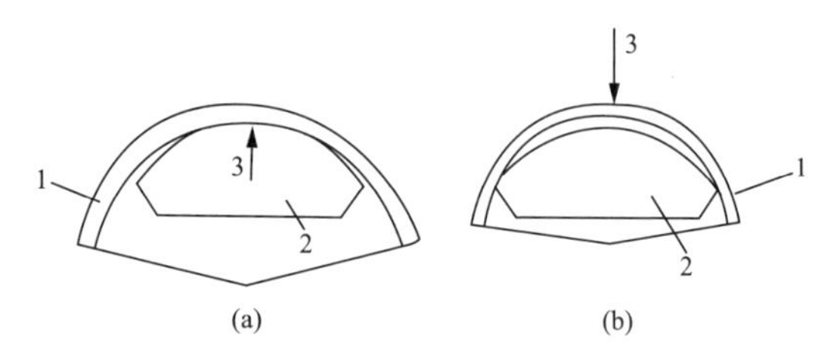

图4-105　氧炔火焰修弧

1—瓦片；2—样板；3—焊炬

4. 对圆组装

瓦片经钢板下料、边缘加工、卷板与修弧等工序完成后，应进一步进行对圆、调圆、上加劲环组装成管节。

(1) 对圆。对圆就是把几块瓦片对成整圆。这道工序在钢管厂内对圆平台上进行。对圆时要注意钢管周长、焊缝间隙、钢板错牙和管口平整。对圆后，钢管实际周长与设计周长差不应超过±3D/1000，且极限偏差±24mm。相邻管节周长差，当板厚小于10mm时，不应大于6mm；当板厚大于或等于10mm时，不应大于10mm。钢管纵缝对口错位不应大于板厚的10%，且不大于2mm；环缝对口错位：当板厚$\delta \leqslant$ 30mm时，不应大于板厚的15%，且不大于3mm；当板厚$30 < \delta \leqslant 60$mm时，不应大于板厚的10%；$\delta > 60$mm时，不应大于6mm。不锈钢复合钢板焊缝对口错位不应大于板厚的10%，且不大于1.5mm。常用如下两种方法进行对圆。

1）用码子、楔铁对圆。吊装瓦片至对圆平台上，两端管口的间隙、错牙调整好，用拉板固定，然后用码子、楔铁调整中间错牙。这种方法适用于各种厚度钢板，但以后去除码子会在管壁上留下焊疤。焊疤低于母材时，要补焊平整；高于母材时，要用砂轮机磨平。

2）用专用夹具对圆。如图4-106所示，先将下管口调整好并点焊住，再把夹具放在上管口，用撬棍撬动夹具中间的瓦片，由下而上，逐步调整错牙和间隙，用点焊固定。必须注意，点固焊缝一定要保证质量。这种对圆方法仅适用于变形不大的钢管，其优点是消除了焊疤，管壁光滑。

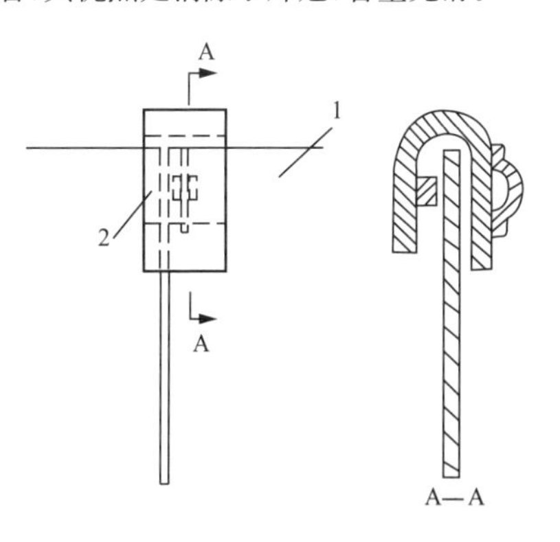

图4-106　专用夹具、对圆

(2) 调圆。调圆即调整钢管为一定的圆度，以便于以后组装。常用调圆方法有：用米字形活动支撑调圆和用单顶杆调圆。调圆后，钢管圆度的偏差不应大于 $3D/1000$，最大不应大于 30mm。

米字形活动支撑调圆如图 4-107 所示，是调圆专用大型工具设备，它由黑铁管和型钢制成，支撑的端部有的采用螺旋千斤顶结构，也有的利用螺旋拉紧器结构。米字形活动支撑的优点是支点多，已调好的各点基本上不受其他点调圆的影响，效率比较高。缺点是支撑重量大，需用吊车等起重设施。

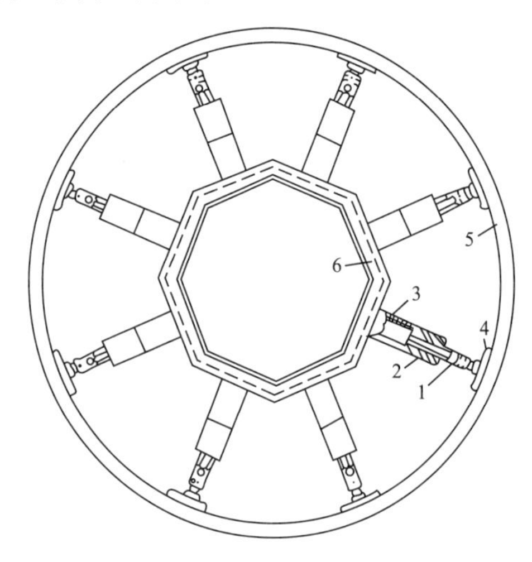

图 4-107 米字型活动支撑、调圆

1—螺旋；2—螺母；3—黑铁管；4—弧形垫板；5—钢管；6—箱型梁

调圆后的钢管，是否要装上角铁或黑铁管支撑，要视钢管刚度大小而定。刚度大的钢管可以不上支撑，但刚度小的钢管必须加支撑，以防止钢管在堆放、运输、安装和浇筑混凝土时变形。支撑的另一个目的是兼起脚手架作用。加设支撑应该考虑以下问题：

1) 先安装的两节钢管要上支撑，以保持一定的圆度，为以后安装其余各节钢管打好基础。

2）和伸缩节相邻的钢管一定要上支撑，以免影响伸缩节的圆度。

3）浇筑混凝土管段的最末一节钢管要上支撑，以防止浇筑混凝土过程中管口变形。

4）安装时，要勤于检查管口圆度，遇偏差值过大时，可加设临时支撑加以改善。

（3）上加劲环。钢管外围上加劲环的目的是增加钢管抗外压的稳定性。钢管可能承受以下几种外压：浇筑混凝土时的压力；明管放空时通气设备引起的负压；埋藏式钢管放空时的外压；灌浆压力；钢管在运输、安装和运行过程中受到的外力作用等。

加劲环有三种形式，如图4-84所示，分别是扁钢加劲环、丁字形加劲环和槽钢（或角钢）加劲环。丁字形和槽钢加劲环刚性较大，与混凝土结合性也较好，但制造费事，弯曲应力较大。加劲环的间距根据设计要求确定。这里介绍扁钢加劲环的两种制作方法：

1）用钢板切割。如图4-108所示，画出钢板中心线，作为待切割的加劲环的圆心轨迹。用划规画出加劲环的内、外弧线及两边的径向线，用样板校核后，打样冲眼，然后进行切割。

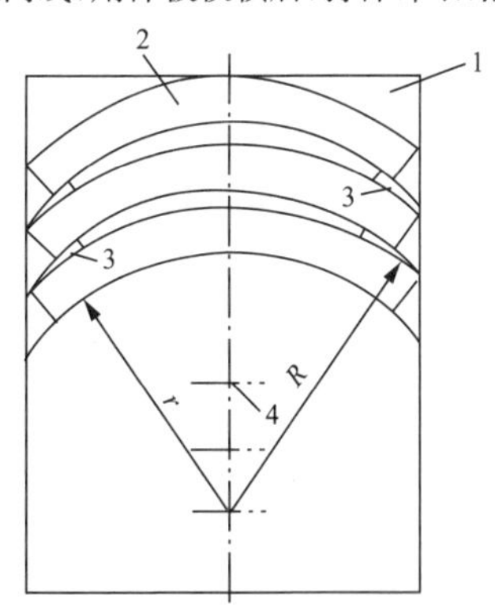

图4-108　在钢板上切割的加劲环

1—钢板；2—加劲环；3—最后切割的小段；4—圆心

2）用胎具热煨。弧形平板胎具用螺栓或点焊固定于平台上。胎具厚度略薄于加劲环，胎具的弧度应考虑加劲环热煨成型后，冷却收缩对弧度的影响量。煨制时，先将待煨热的加劲环在炉内加温至1100℃左右，加温一段，煨制一段，直到煨成。

加劲环与钢管的组装间隙，不应大于3mm。

（4）大节组装。为了缩短安装工期，在考虑起重和运输允许的条件下，应尽量在工厂内就把数个单节钢管组装成大节。

大节组装工序是：把要组装的第一节钢管竖放于平台上，再吊上另一节钢管，对好下中心，焊上挡板；用撬棍、千斤顶、码子和楔铁等工具先调整两节钢管间隙，然后从某处开始分两个工作面压缝，压缝时必须使错牙均匀地分布在整个圆周上，否则错牙最后将集中在一小段上，造成超差过大，无法压缝。

压缝可采用单根顶杆进行，也可配合使用码子、楔铁和拉板。单根顶杆是一根两端带螺旋千斤顶的黑铁管，它能固定并可绕一根立柱旋转，且能小范围内升降。压缝工作完毕，点焊固定，以后正式焊接环缝。

5．岔管制造

根据体型和加固方式，分为下列五种：

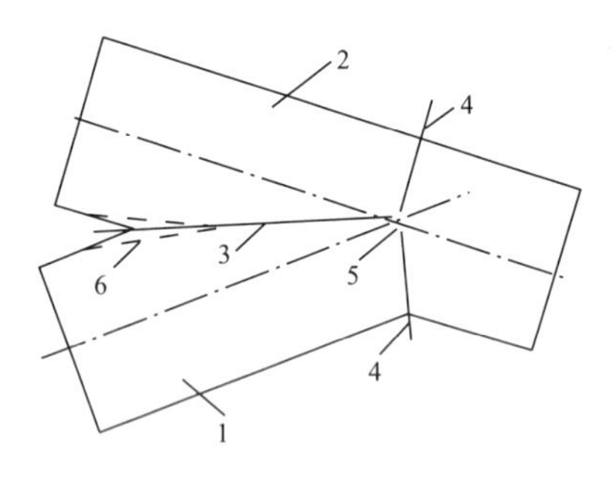

图4-109　Y型三梁岔管

1—主管；2—支管；3—U型梁4—腰梁；5—连接柱；6—导流板

1）三梁岔管。图4-109为Y型三梁岔管。三梁岔管是用三根首尾相接的曲梁（U型梁及两根腰梁）作为加固构件，以承受不平衡的水压力。

2）内加强月牙筋岔管。内加强月牙筋岔管用一个完全嵌入管体的月牙筋板代替三梁岔管的U型梁，以改善U型梁的应力状态，其U型梁嵌入管体内的结构如图4-110所示。

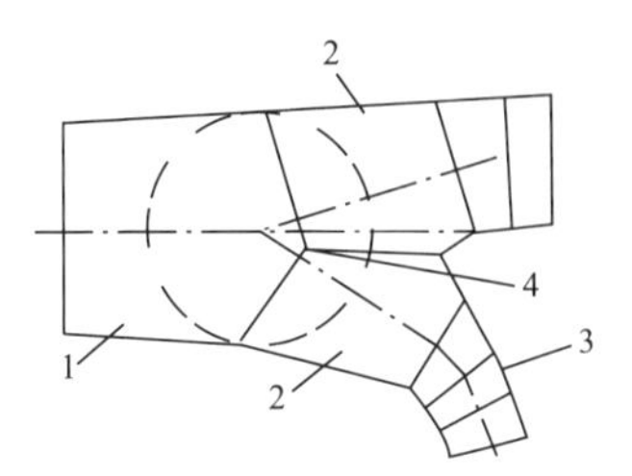

图4-110　内加强月牙筋岔管

1—倒锥主管；2—顺锥管；3—弯管；4—月牙筋

3）贴边岔管。如图4-111所示，贴边岔管是在相贯线的周围用加强板加固，加强板与管壁焊接成整体。贴边岔管的特点是加强板的刚度小于上述加固梁，故应用范围以中等压力的地下埋管为宜。

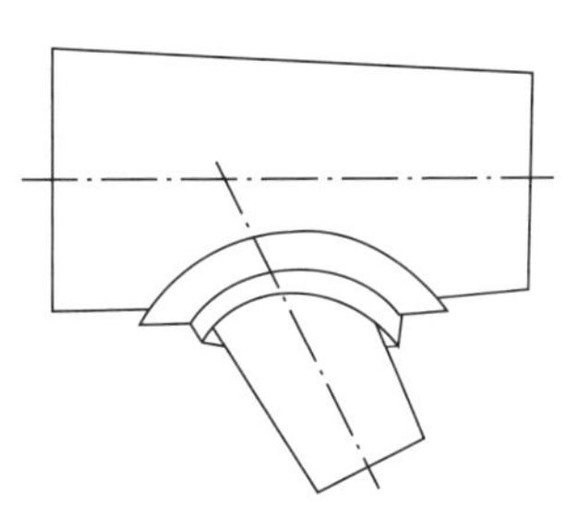

图4-111　贴边岔管

4）球形岔管。球形岔管由球壳、主管、支管、补强环和导流板等组成，如图4-112所示。球壳为球面，主管、支管与球壳通过补强环连接。补强环一般为锻件，制造工艺要求高。导流板的作用是改善流态，其顶部和底部均开有充水孔。球形岔管目前在国外较多采用，可用于大中型电站。

5）无梁岔管。无梁岔管是在球形岔管的基础上发展而

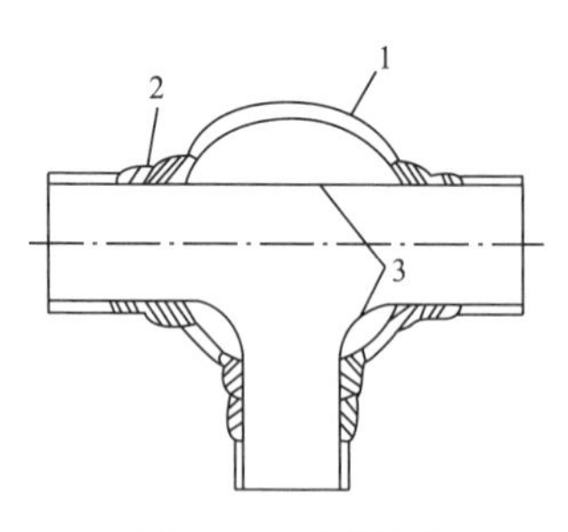

图 4-112　球形岔管

1—球壳；2—补强环；3—导流板

成的，如图 4-113 所示。它由球壳锥壳和柱壳组成，是空间壳体结构，可用于大中型地下埋管，利用围岩共同受力。

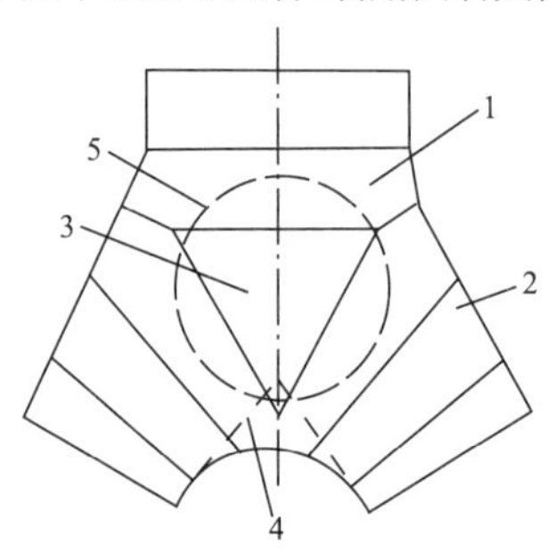

图 4-113　无梁岔管

1—倒锥；2—顺锥；3—球壳；4—导流楔体；5—导流吊顶

下面以异径 Y 型岔管为例，讨论三梁岔管的制造及组装方法。

(1) 三梁岔管制造。图 4-114 为异径 Y 型岔管的一种形式。

1) 管壳制造。详见前述岔管画线部分。

2) U 型梁和腰梁制作。U 型梁和腰梁的横截面常用 T 型和矩形两种形式。T 型梁由钢板焊成。U 型梁和腰梁按照图纸下料后，检查其内侧弧度和不平度，若偏差大，应予修正，以保证和管壳装配焊缝间隙。对于大直径岔管的 U 型

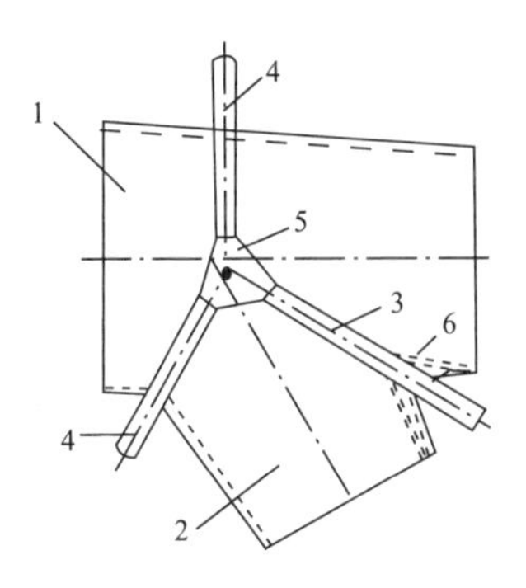

图 4-114　异径 Y 型岔管

1—主管;2—支管;3—U 型梁;4—腰梁;5—连接柱;6—导流板

梁,因断面大,多采用锻钢。

3) 连接柱和导流板制作。U 型梁及腰梁的断面很大,在其结合处有很大的应力集中,为改善受力状态,在结合处设有棱柱体连接柱或圆钢连接柱,如图 4-115 所示。棱住体连接柱多经锻制,而圆钢连接柱一般用圆钢切割并车削而成。

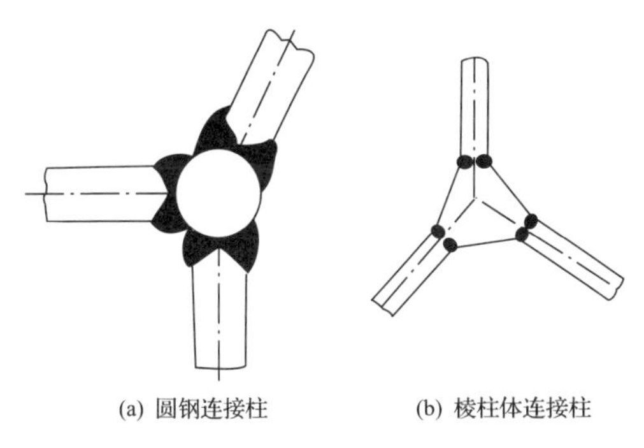
(a) 圆钢连接柱　　(b) 棱柱体连接柱

图 4-115　连接柱形式

导流板如图 4-116 所示,照图下料、钻孔、卷板,组装时适当调整弧度后焊于管壳和 U 型梁上。

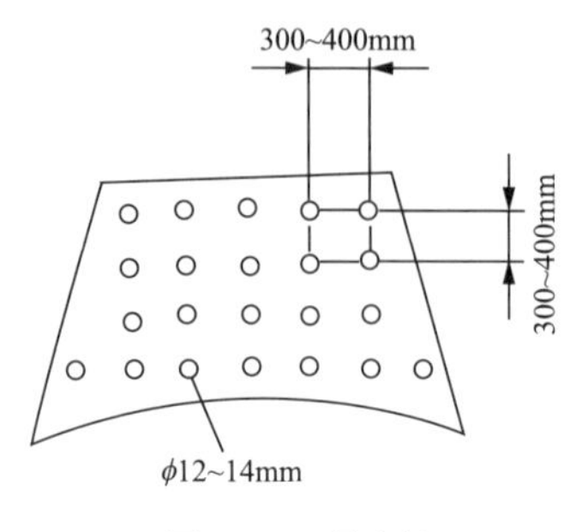

图 4-116　导流板

(2) 三梁岔管组装。第一种组装方法是先组装连接柱、U 型梁和腰梁,后组装主管和支管。组装关键是控制中心、高程和倾斜度。仍以图 4-114 所示异径 Y 型岔管为例加以说明。

1) 连接柱。U 型梁和腰梁的组装。在钢板平台上调整左右两个连接柱的位置,用楔子板调整两个连接柱的坡口加工面,使其处于同一平面内,经水平仪检查合格后,用拉板固定于平台上,连接柱间用型钢焊牢,如图 4-117 所示。

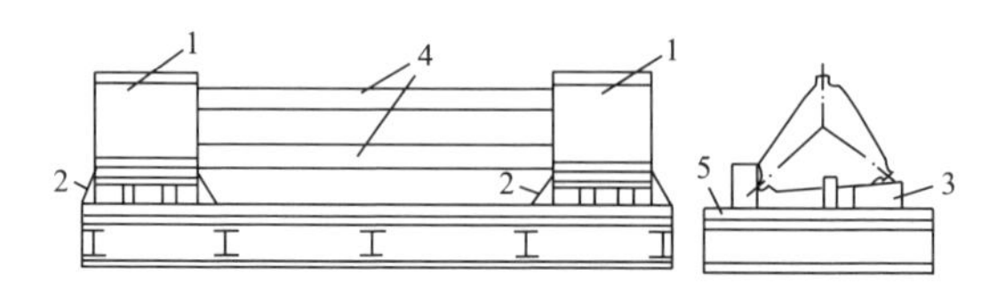

图 4-117　在平台上组装连接柱

1—连接柱;2—拉板;3—楔铁;4—连接型钢;5—组装平台

在 U 型梁对称中心线背部焊一吊耳,将 U 型梁吊放于已组装好的连接柱上临时支撑,再调整坡口中心、间隙和垂直度,合格后用拉板固定,如图 4-118 所示。

将组装好的 U 型梁和连接柱吊起,竖放于平台的支座上,支座由型钢焊成。在连接柱和 U 型梁的加工面上,挂垂球调整其垂直度,进而可用经纬仪和水平仪检查,合格后用型钢加固在平台上,如图 4-119 所示。

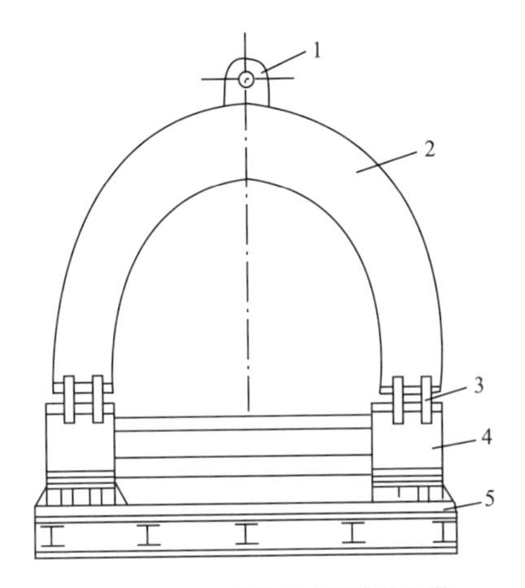

图 4-118 U 型梁和连接柱的组装

1—吊耳;2—U 型梁;3—拉板;4—连接柱;5—组装平台

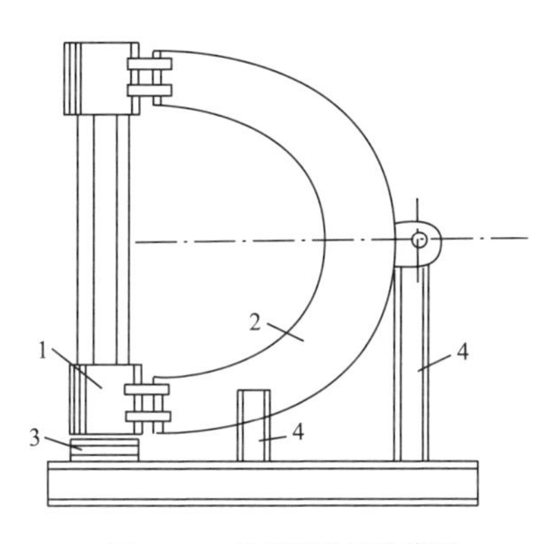

图 4-119 U 型梁位置的找正

1—连接柱;2—U 型梁;3—支座;4—型钢支撑

按图纸在连接柱的端面上校核三根梁和主管、支管中心线的交点 A、O。这两点在厂家制造时要打上样冲眼标记。然后将经纬仪对准 A、O 两点,以 U 型梁中心线为基准线,分别在平台上放出两根腰梁的中心线和主管、支管中心线,如图 4-120 所示。

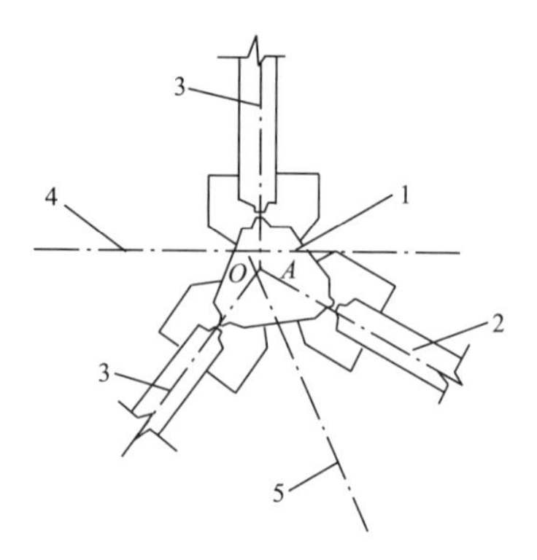

图 4-120　在平台上放出三根梁中心线和主管、支管中心线

1—连接柱；2—U 型梁中心线；3—腰梁中心线；4—主管中心线；5—支管中心线

分别吊装两根腰梁、调好梁与连接柱间坡口的中心和间隙，再根据已放好的中心线，检查腰梁的垂直度，合格后固定于平台上，梁与连接柱间用拉板焊接，三根梁之间用型钢加固成整体，以防止焊接变形，如图 4-121 所示。

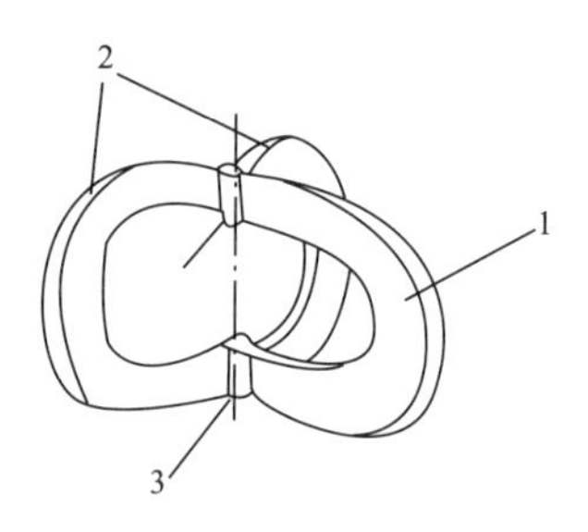

图 4-121　连接柱、U 型梁和腰梁组装好的岔管骨架

1—U 型梁；2—腰梁半环；3—连接柱

组装之后即可焊接。由于焊接收缩的影响，焊缝处要产生纵向变形和角变形，角变形对梁的几何位置尺寸影响很大，要加以控制。由于 U 型梁厚度大、刚度大、焊缝宽，还易产生裂缝。因此常采取以下措施：焊前预热，采用多道焊、分段退焊、焊后用石棉布遮盖保温等。

2）主管、支管的组装。将已组成管段的主管和支管吊入两梁之间，按平台上的测量中心线和梁的高程点调整主管和支管中心与高程，合格后修正焊缝间隙、压缝、点焊。

组装后，岔管主管及支管管口中心的偏差不应超过±5mm。如果运输条件允许，宜焊成整体出厂。

3）主管、支管和三根梁的焊接。如图 4-114 所示，先焊支管和 U 型梁、腰梁，其次焊主管上游段和两个腰梁，最后焊主管下游段和腰梁、U 型梁。也可以先焊接 U 型梁和管壁，而后同时焊两个腰梁。

第二种组装三岔梁管的方法是在平台上放出主管、支管和梁的中心线，如图 4-122 所示，先固定上游主管①的位置，再依次安装腰梁②、腰梁③、支管④、U 型梁⑤、下游主管⑥和连接柱⑦。

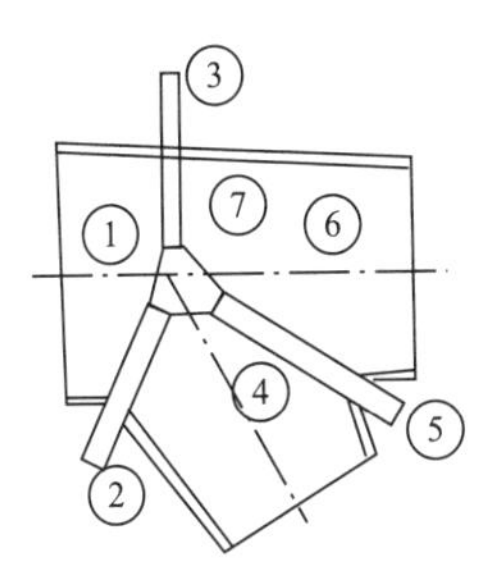

图 4-122　y 型岔管的第二种组装方法

第三种组装方法是主管的上、下游段不必沿梁断开，而是做成一个完整的锥管，然后在锥管外壁画出支管中心线，预装上支管，调整主管、支管的中心和高程，合格后，即在主管上画出切割线，再拆下支管，割去开口部分的钢板，重新连接主管、支管，修正坡口间隙，装上三根梁和连接柱，最后焊接。

三梁岔管的后两种组装方法适用于 U 型梁断面不大的岔管，第三种组装方法还常用于 U 型梁不插入的岔管。

（3）岔管的退火处理。岔管结构复杂，梁与管壁厚薄比相差大（有的达 8 倍之多），焊缝宽，填充金属多。焊接时温度分布不均匀，结构的刚度又阻碍热变形的自由发展，因而产生较大的焊接应力，为了消除这些应力，恢复焊缝热影响区钢材的韧性，大型岔管一般在焊接后要进行退火处理。在工厂，一般有专用的退火炉。

6. 钢管焊接

压力钢管的纵缝、环缝等均属一、二类焊缝，其焊接工作必须由经过考试合格的焊工来承担。焊前必须根据材料的可焊性、结构特点、设计要求、设备能力、施工环境等因素编制焊接工艺。根据钢板的板厚、化学成分、淬硬性、结构刚度、焊缝形式、环境温度及焊接材料等因素考虑是否需要采取预热及焊后热处理措施。

手工电弧焊和埋弧自动焊是常用的两种方法。

(1) 手工电弧焊接。

1) 纵缝焊接。纵缝焊接是在钢管对圆后进行。此时，钢管中心线垂直于对圆平台。因是立焊，必须使用短弧焊接，焊条垂直于焊缝或略向下倾斜，一般不超过 15°，自上至下分段退焊。第一层焊接最重要，坡口间隙小的，沿焊缝中心直线运弧，要焊得薄些；间隙大的，略作折线摆动，以加宽焊道；局部间隙大的，可先用小电流在坡口两侧沿焊缝堆焊，以缩小其间隙，然后再焊中间一道焊肉，以减小焊接应力。立焊运弧方法如图 4-123 所示。

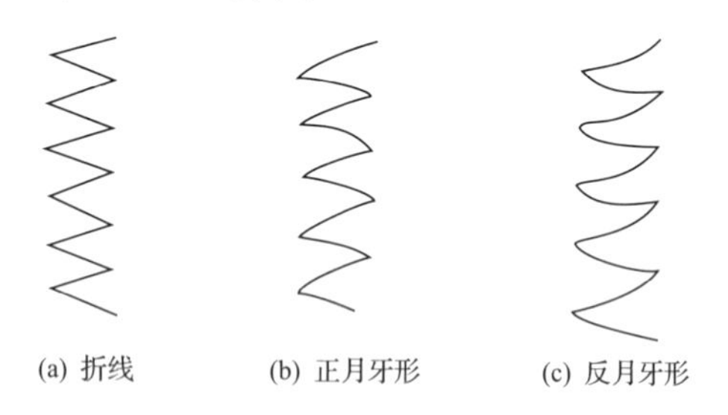

图 4-123　立焊运弧方法

封底焊后，以后各层焊接可采用正月牙形或折线形运弧，焊至两侧应稍作停留，以保证有一定熔深，避免夹渣。在焊至盖面层前一层时，焊道中间要平，不得把两侧坡口边烧掉，留出 2mm 左右的深度，以便焊接盖面层。

盖面层采用反月牙形运弧，焊缝中间要略微高出，边缘和母材过渡要光滑，力求成型美观。纵缝焊接后，用弦长为 $D/10$ 且不小于 500mm 的样板检查纵缝处弧度，其间隙不应大于 4mm。

2) 环缝焊接。大节组装时的环缝为横焊，为使焊缝收缩均匀一致，减小应力，根据管径大小可采用对称逆向分段退焊法，图 4-124 为 4 名焊工同时施焊的顺序。

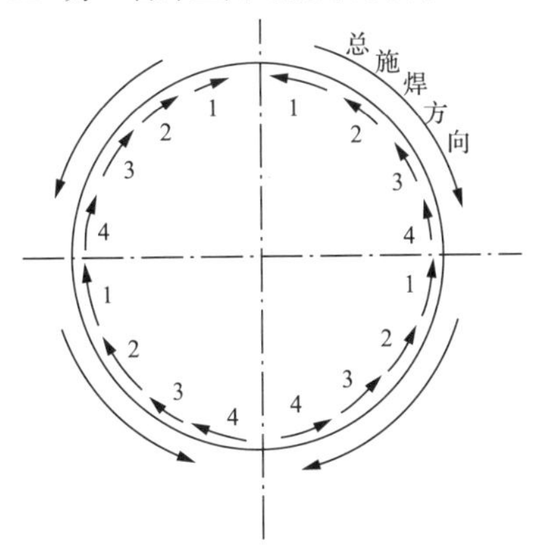

图 4-124　四人对称焊接顺序

焊接环缝时，第一层焊道要求焊透。第二层焊接时，焊条夹角见图 4-125，每条焊道要覆盖前一道焊道的 1/2，可用斜线运弧或小环形运弧，如图 4-126 所示。焊盖面层前一层时，应留出 2～3mm 深度；焊盖面层时，焊接中间焊道速度要慢，以便成型美观。正缝焊完，再清根焊背缝。

两侧焊缝近于立焊，上下焊缝分别是平焊和仰焊。仰焊要求电弧更短，焊接电流比平焊小 20%左右，焊条一般垂直于焊缝，但根据焊缝间隙，稍作前后倾斜。

3) 加固环焊接。焊接顺序是先焊加固环接头，后焊加固环和管壁间的角焊缝。由于加固环断面厚度相对管壁要大得多，所以焊接角焊缝时，接近薄板一面的焊条角度一般要

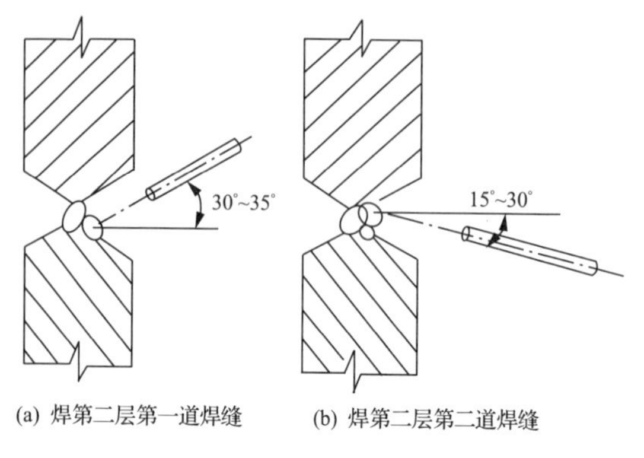

(a) 焊第二层第一道焊缝　(b) 焊第二层第二道焊缝

图 4-125　横缝时焊条夹角

小一些。加固环的对接焊缝应与钢管纵缝错开 100mm 以上。

4）凑合节焊接。凑合节处的焊缝焊接，由于焊后收缩应力很大，容易产生裂纹，施焊时应配合锤击锻打，以促使焊缝金属延伸，减小应力。锻打的锤头磨成半径 5mm 左右的圆头。第一遍和最后一遍的焊接，不必再锻打。

蜗壳段凑合节环缝的焊接除采取以上锻打措施外，还须将凑合节一侧的环缝坡口开成 V 形，贴上背板，如图 4-127 所示，待浇筑完二期混凝土再焊。

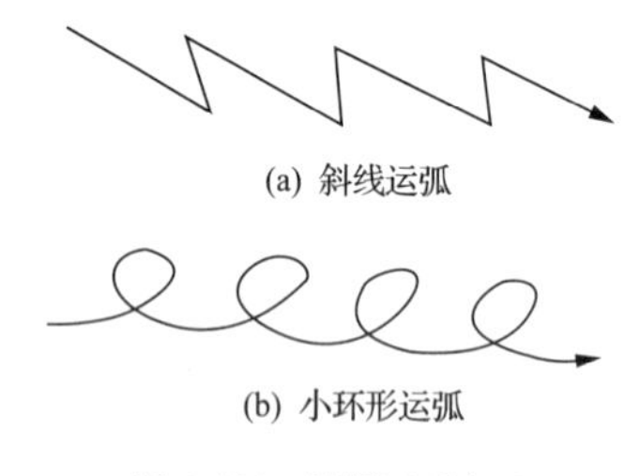
(a) 斜线运弧

(b) 小环形运弧

图 4-126　横焊运弧方法

（2）埋弧自动焊。埋弧自动焊与手工电弧焊相比具有焊接速度快，焊缝质量好，焊工工作条件得到改善等优点，但其焊接是在钢管滚动的条件下进行的，而弯管、岔管等无法滚

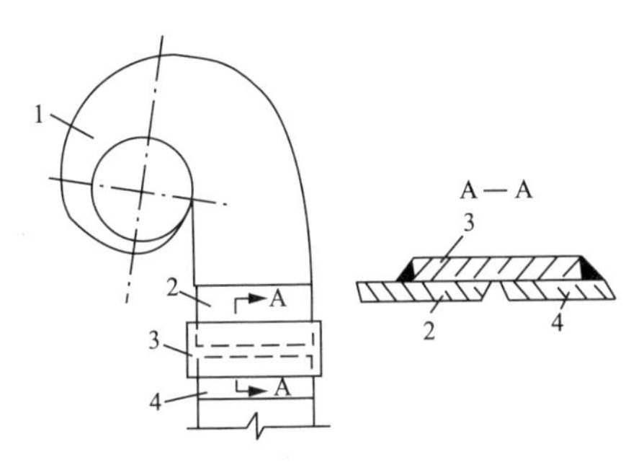

图 4-127　环缝贴背板的焊接方法

1—蜗壳；2—钢管；3—背板；4—凑合节

动，就不能施焊，所以，埋弧自动焊在使用上受到一定的限制。

1）焊接过程中自动调整简单原理。埋弧自动焊的自动化是通过送丝机构和小车行走机构的自动化来实现的。对小车自动化的要求是行走速度均匀，方向和速度可以调节。对送丝机的要求是容易引弧，保证电弧稳定燃烧并在焊接结束时填满弧坑。

送丝的方法有两种，第一种送丝方法是送丝速度随着弧长的变化而变化。当弧长变长，电弧电压增高，送丝速度加快；当弧长减短，电弧电压降低，送丝速度相应减慢，自动恢复到原来弧长。第二种送丝方法是等速送丝制，送丝速度在焊接过程中始终保持不变，弧长靠焊丝的熔化速度变化进行自身调节。第一种送丝制焊机，适用于电源电压波动幅度较大的场合，第二种送丝制焊机，适用于电源电压波动幅度较小的场合，两种焊机都普遍采用。

2）滚焊台车。采用滚焊台车滚动钢管，使焊缝移至水平位置，以便自动焊接。滚焊台车由两个单体车架组成，在焊接时，用型钢连成整体。根据需要可进行单节、双节或多节钢管焊接。滚焊台车要有足够刚度。滚焊台车为无级变速。对滚轮的平行度和相对高差有严格要求。

3）纵缝焊接。埋弧自动焊的纵缝焊接是先焊内缝，后在顶部焊背缝。

焊前准备包括以下工作:除净焊丝表面的铁锈和油污,按照说明书要求在烘炉里烘焙焊剂;将钢管纵缝转至台车上的水平位置并清扫干净焊缝;将用型钢制成盛满焊剂的焊剂垫置于焊缝下面,在焊剂垫的两端和中间顶上千斤顶,使焊剂垫贴紧焊缝,松紧适中;在焊缝上铺设导轨并放上自动焊小车,使导电嘴基本对准焊缝;空载检查小车行进情况,校核焊丝及导向器是否对准焊缝;调整焊丝与引弧板处接触的松紧程度;为便于引弧,电弧电压和焊接电流事先可调至略大于预定数值,而焊接速度则一次调至预定值;放下焊剂,其高度为 20～60mm 为宜。

按启动按钮,引燃电弧,合闸使小车自动行走,焊接开始。观察电流、电压是否合乎规范要求,若有波动,应及时调整或停止焊接。背缝在顶部施焊,要注意熔透情况。焊接 12mm 以上钢板,需用大功率焊接电源,多丝多层焊接。

4) 环缝焊接。环缝焊接有两种方法,目前多采用的一种方式是,焊机放在钢管上按已定速度前进,而钢管则以大小相等,方向相反的线速度转动。这种方式不受钢管的椭圆度和轴向位移的影响。另一种方式是钢管在台车上旋转,而焊机固定,要求钢管刚性大,椭圆度和轴向位移小,这样焊接才能稳定。

环缝焊接时,应在水平或稍滞后的位置引弧,环缝焊接的引弧与熄弧处应与纵缝错开 100mm 以上。

环缝焊接一是设置焊剂垫,不过这种结构比较复杂;二是手工焊封底,省去焊剂垫,但手工封底工序有时因气体在背面不易逸出而产生气孔;三是将坡口开成 Y 形,钝边为8～10mm,局部间隙大的,用手工焊封底,焊完内缝背面用炭弧气刨清根 4～6mm,再焊背缝。此法工序简单,若焊接规范选择合适,可保证质量,因而用得较多。

7. 伸缩节制造

在温度变化或支座作不均匀沉陷时钢管管壳会产生巨大应力,因此在明管中应设置伸缩节,使钢管适应这些变化。伸缩节有两种,一种是单作用伸缩节;另一种能适应较大的不均匀沉陷，除了允许轴向伸缩外，还应允许径向轻微移动，这种伸缩节的结构比较复杂。

这里我们仅介绍第一种，即单作用伸缩节。目前常采用两种形式，法兰盘式伸缩节和套筒式伸缩节。

(1) 法兰盘式伸缩节的组装。法兰盘式伸缩节是由法兰、钢管、内套管、压环、盘根等组成。其组装工序如下：

1) 钢管组装。组装要点同前。

2) 法兰盘组装。如图 4-128 所示，在工地用螺栓连接，把分半的法兰盘组成整圆。

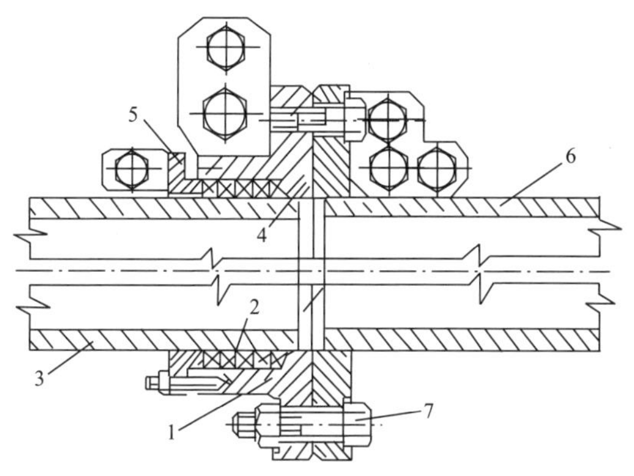

图 4-128 用螺栓连接的法兰盘式伸缩节

1—法兰盘；2—石棉盘根；3—内套管；4—橡皮密封圈；5—压环；6—钢管；7—螺栓

3) 法兰盘和钢管组装。用码子和楔铁调整法兰盘和钢管间隙，焊接法兰盘和管壁的角焊缝。注意采用小电流，防止烤坏盘根。

4) 组装内套管。组装要点同钢管组装。

5)法兰盘和内套管组装。如图 4-129 所示，将内套筒吊放于垫板上，用码子和楔铁调整内套管和法兰盘间隙，合格后用拉板将钢管和内套管焊牢。

6) 装入盘根。盘根接头应斜接，相邻两圈的盘根接头应错开 500mm 以上。装上压环，拧上螺栓，压紧盘根。

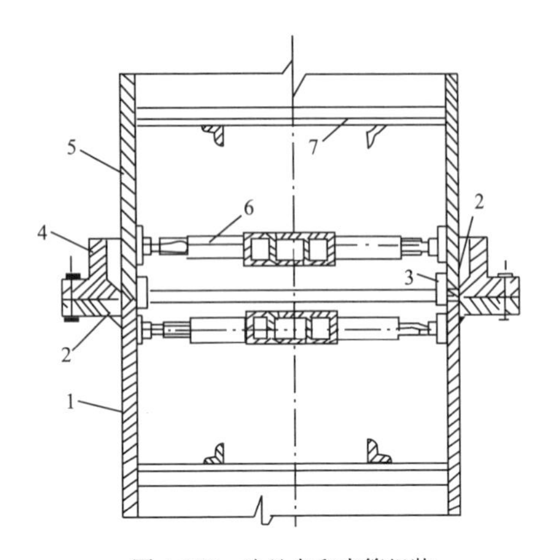

图 4-129　法兰盘和内管组装

1—钢管；2—垫块；3—拉板；4—法兰盘；5—内套管；6—米字形支撑；
7—井字形支撑

(2) 套筒式伸缩节组装。套筒式伸缩节由内套管、外套管、压环和盘根等组成，如图 4-130 所示。

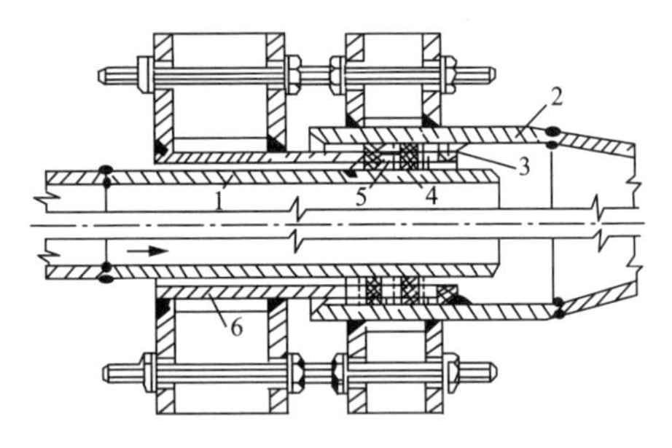

图 4-130　套筒式伸缩节

1—内套管；2—外套管；3—盘根盒；4—石棉盘根；5—橡皮盘根；6—压环

其组装顺序如下：

1) 外套管组装：①对圆焊接。控制弧度、圆度，用样板检查(当 $2m<D\leqslant6m$ 时，样板长度为 1m；当 $D>6m$ 时，样板长度为 1.5m)，其间隙在纵缝处不应大于 2mm；其他部位不应大于1mm。在套筒的全长范围内检查上、中、下三个断面。②调圆上支撑。外套管或内套管和止水压环的实际直径与设计直径的偏差不应超过$\pm 3D/1000$，且不超过±2.5mm，测量的直径不应少于4对。

2）盘根盒焊接。盘根盒焊于外套管上，注意防止倾斜，能使盘根均匀压住盘根盒，止水良好。

3）止水压环组装。与外套管组装相同。

4）压环和外套管组装。在外套管的盘根盒上，按八点放置垫块，其高度等于盘根高度。将压环吊放于垫块上，并用楔铁调整好压环和外套管间隙，合格后即塞上塞块固定。同时复测压环上口的圆度要合格。

5）加劲环安装焊接。如图4-131所示，严格控制加劲环的弧度，使加劲环在自由状态下紧贴管壁，间隙不大于1mm，以免影响压环和外套管的圆度。注意采用正确的焊接工艺，以免引起外套管和压环周长收缩过多。

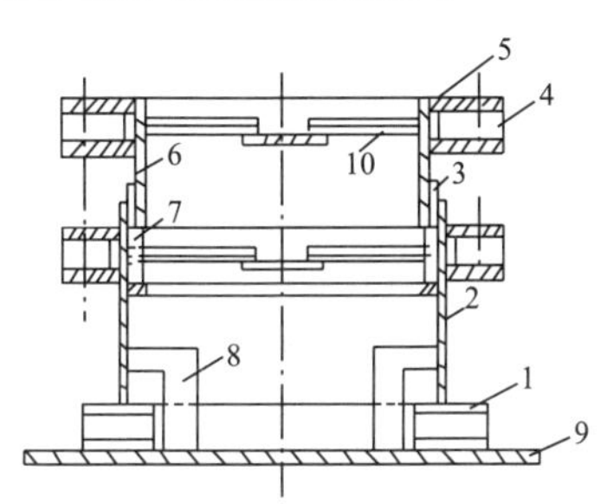

图4-131　压环外套管、加劲肋组装

1—工字钢；2—外套管；3—塞块；4—隔板；5—加劲环；6—压环；7—垫块；8—拉板；9—钢板平台；10—米字支撑

6）钻孔。外套管上的加劲环与压环上的加劲环，其螺栓孔要一次钻成，以保持同心。

7）内套管组装。与外套管相同。

8）内、外套管组装。将内套管吊放于拉板上，用码子、楔铁调整内、外套管间隙。内、外套管间的最大和最小间隙与平均间隙差不应大于平均间隙的10%。调整合格后，用拉板按八点将内、外套管焊牢，如图 4-132 所示。

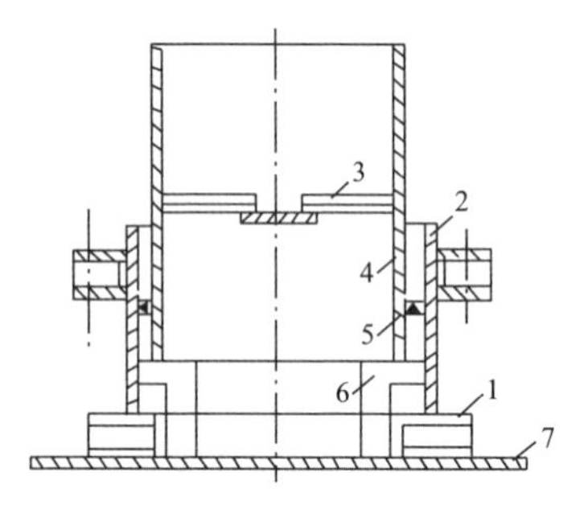

图 4-132　内套管和外套管组装

1—工字钢；2—外套管；3—米字形支撑；4—内套管；5—盘根盒；6—拉板；7—平台

9）盘根安装。在内、外套管之间塞入盘根，橡皮盘根应制成整圈填入，每圈接头应斜接，相邻两圈接头应错开 500mm 以上。然后，按原位置吊上压环，拧紧螺栓。

内容提要

本书是《水利水电工程施工实用手册》丛书之《金属结构制造与安装》分册，以国家现行建设工程标准、规范、规程为依据，结合编者多年工程实践经验编纂而成。全书共9章，分上、下两册。上册内容包括：金属结构焊接、焊接质量检验、水工金属结构防腐蚀、水工钢结构的制作；下册内容包括：水工钢闸门及埋件安装、水利水电压力钢管制造、水利水电压力钢管安装、水利水电工程启闭机安装、金属结构工程质量控制检查与验收。

本书适合水利水电施工一线工程技术人员、操作人员使用，可作为水利水电金属结构制造与安装工程施工作业人员的培训教材，亦可作为大专院校相关专业师生的参考资料。

《水利水电工程施工实用手册》

工程识图与施工测量
建筑材料与检测
地基与基础处理工程施工
灌浆工程施工
混凝土防渗墙工程施工
土石方开挖工程施工
砌体工程施工
土石坝工程施工
混凝土面板堆石坝工程施工
堤防工程施工
疏浚与吹填工程施工
钢筋工程施工
模板工程施工
混凝土工程施工
金属结构制造与安装(上册)
金属结构制造与安装(下册)
机电设备安装